信息系統安全投資策略及風險管理研究

願建強 著

前　言

　　隨著計算機和網路技術的快速發展，信息系統正成為越來越多企業營運和管理的支撐工具，信息系統安全變得日漸重要。為了減少因安全事件導致嚴重損失的可能性，很多企業通常大量購買和運用防火牆、入侵檢測系統等信息系統安全技術。然而，一個企業的信息系統安全不僅取決於自身的安全措施，而且與外部環境中的相關企業和黑客攻擊方式等密切相關。因此，鑒於企業在相互依賴風險和黑客多樣化攻擊下的信息系統安全投資策略是企業信息系統運用過程中迫切需要解決的關鍵問題之一。同時隨著信息系統安全管理服務和信息系統安全保險的出現，如何設計最優的激勵機制，成為信息安全經濟學的重要問題。本書對企業信息系統安全投資策略及風險管理的相關問題進行了研究。

　　首先，本書研究了信息系統相互關聯下的企業信息系統安全投資策略，構建了博弈模型，討論了關聯企業的互聯風險和信任風險對信息系統安全投資最優策略的影響，並對在非合作博弈條件下信息系統安全投資的均衡水平與社會最優的解決方案進行了比較。結果表明，互聯風險往往引起企業信息系統安全投資率低下，而信任風險導致過度重視信息系統安全。在合作條件下，企業信息系統安全投資不一定隨著互聯風險和信任風險的增大而單調變化。此外，相對於社會最優水平，面臨互聯風險的企業是否過度投資完全取決於信任風險的大小。

　　其次，分別研究了黑客隨機攻擊和定向攻擊情形下，基於微分博弈的信息

系統安全投資水平問題。研究了非合作博弈下信息系統安全投資的最優策略選擇，在此基礎上，討論了安全投資效率、黑客學習能力、傳染率、目標替代率以及企業的信息系統安全事件帶來的損失等因素對信息系統脆弱性和最優信息系統安全投資水平的影響。在討論了黑客隨機攻擊和定向攻擊兩種情形下兩個企業合作博弈情形下最優策略選擇的基礎上，分別對比了非合作情形下的博弈均衡結果，得出企業在黑客隨機攻擊下維持低的投資率，在定向攻擊下維持高的投資率的結論。發現了構建一種相互的支付激勵機制可以消除企業投資不足或者過度的問題，從而使企業達到合作博弈下的最優投資水平，提高兩個企業的聯合收益。

再次，研究了信息系統安全外包背景下如何通過激勵措施來協調信息系統安全管理服務商的投入水平，從而有效地控制信息系統安全風險的問題。考慮信息系統安全特徵，提出了三種契約模型，即一般懲罰契約、部分外包契約和獎勵-懲罰契約。在此基礎上對不同契約模型的均衡結果進行了討論和比較。研究結果表明，部分外包契約優於一般懲罰契約，但只有獎勵-懲罰契約能夠在誘導信息系統安全管理服務商最優投入的同時使委託企業獲得最大的回報。此外，本書運用委託代理模型分析了信息系統安全外包中的雙邊道德風險問題，發現普通賠償契約並不能阻止雙邊道德風險。因此，本書提出一種新的契約結構，即關係激勵契約。通過研究發現，在一定的條件下，這種契約能夠規避雙邊道德風險，促進雙方投入最優投入水平，提升社會福利且委託企業獲得更好的收益。

最後，結合風險管理理論和博弈理論研究企業採用信息系統安全保險時的投資策略及激勵機制設計問題。一方面，為解決正向相互依賴下的信息系統安全投資不足問題，設計一種基於保險免賠額的信息系統安全投資激勵機制。結果表明，適當的保險免賠額可以在一定程度上將這種負外部性內部化，進而改善企業安全水平，有效提高社會福利。另一方面，通過對比非合作博弈和社會最優下的自我防禦投資和信息系統安全保險水平，提出相應的補貼協調機制。研究結果表明，當風險相互依賴程度趨於很小時，自我防禦投資水平隨其潛在

安全損失的上升而增大。企業在進行信息系統安全投資時往往會忽略對其他企業的邊際外部成本或收益的影響，這種負外部性特徵會導致企業自我防禦投資和信息系統安全保險水平均低於社會最優化水平。政府通過補貼企業自我防禦投資可以在一定程度上協調企業的風險管理決策，進而改善企業安全水平，有效提高社會福利。

目　錄

1 緒論 / 1
　1.1 研究背景和問題提出 / 1
　　1.1.1 研究背景 / 1
　　1.1.2 問題提出 / 6
　1.2 相關問題的國內外研究現狀 / 9
　　1.2.1 考慮黑客攻擊模式的信息系統安全投資策略研究綜述 / 10
　　1.2.2 信息系統安全技術配置策略研究綜述 / 11
　　1.2.3 風險相互依賴下的企業信息系統安全投資策略研究綜述 / 13
　　1.2.4 信息系統安全風險轉移策略研究綜述 / 15
　　1.2.5 已有研究評述 / 18
　1.3 本書的研究結構和主要內容 / 20

2 信息系統安全投資策略的制定過程及影響因素 / 23
　2.1 信息系統安全及其要素分析 / 23
　　2.1.1 信息系統與信息系統安全 / 23
　　2.1.2 信息系統安全要素 / 26
　2.2 信息系統安全投資策略及風險管理決策過程 / 42
　　2.2.1 信息系統安全風險評估 / 44
　　2.2.2 信息系統安全風險控制 / 45
　　2.2.3 自建信息系統安全保護系統與外包決策 / 47

  2.2.4 信息系統安全保險決策 / 49

  2.2.5 向軟件廠商和客戶轉移風險 / 50

2.3 信息系統安全投資決策主要影響因素 / 51

  2.3.1 相互依賴性風險 / 52

  2.3.2 市場競爭 / 54

  2.3.3 動態環境 / 55

  2.3.4 不對稱信息與道德風險 / 56

  2.3.5 保險政策與政府補貼 / 57

  2.3.6 信息系統安全等級 / 58

2.4 本章小結 / 60

3 信息系統關聯企業安全投資策略分析 / 61

3.1 問題描述 / 61

3.2 模型描述 / 63

3.3 互聯風險下信息系統安全投資策略 / 65

  3.3.1 非合作博弈情形 / 65

  3.3.2 社會最優投資水平 / 66

  3.3.3 均衡結果比較 / 68

3.4 信任風險下信息系統安全投資策略 / 68

  3.4.1 非合作博弈情形 / 68

  3.4.2 社會最優投資水平 / 69

  3.4.3 均衡結果比較 / 70

3.5 兩種風險共存時的信息系統安全投資策略分析 / 71

  3.5.1 非合作博弈情形 / 71

  3.5.2 社會最優投資水平 / 73

  3.5.3 均衡結果比較 / 75

3.6 數值模擬和案例分析 / 76

  3.6.1 數值模擬 / 76

  3.6.2 案例分析 / 81

 3.7 本章小結 / 82

4 動態環境下考慮黑客不同攻擊模式的信息系統安全投資策略及企業間協調 / 84

 4.1 問題描述 / 84

 4.2 黑客隨機攻擊下的信息系統安全投資策略 / 86

  4.2.1 模型描述 / 86

  4.2.2 非合作博弈情形 / 87

  4.2.3 合作博弈情形 / 91

  4.2.4 協調機制 / 93

 4.3 黑客定向攻擊下的信息系統安全投資策略 / 94

  4.3.1 模型描述 / 94

  4.3.2 非合作博弈情形 / 95

  4.3.3 合作博弈情形 / 99

  4.3.4 協調機制 / 100

 4.4 數值模擬和案例分析 / 102

  4.4.1 數值模擬 / 102

  4.4.2 案例分析 / 105

 4.5 本章小結 / 106

5 信息系統安全外包激勵契約設計與風險管理 / 107

 5.1 問題描述 / 107

 5.2 外包商單邊道德風險下的信息系統安全外包激勵契約設計 / 111

  5.2.1 基本模型 / 111

  5.2.2 幾種不同的信息系統安全外包契約模型 / 112

  5.2.3 不同信息系統安全外包契約比較 / 120

 5.3 雙邊道德風險下的信息系統安全外包激勵契約設計 / 121

  5.3.1 基本模型 / 121

5.3.2　普通契約下的雙邊道德風險／122

　　　5.3.3　關係激勵契約／126

　5.4　案例分析／129

　5.5　本章小結／130

6　保險背景下的信息系統安全投資激勵機制／131

　6.1　問題描述／131

　6.2　基於保險免賠制度的信息系統安全投資激勵機制／133

　　　6.2.1　基本模型和假設／133

　　　6.2.2　合作最優水平下的自我防禦投資／134

　　　6.2.3　非合作納什均衡下的自我防禦投資／134

　　　6.2.4　基於保險免賠額的福利提升／135

　6.3　基於政府補貼的信息系統安全投資激勵機制／139

　　　6.3.1　基本概念和模型描述／139

　　　6.3.2　非合作博弈情形／141

　　　6.3.3　合作博弈情形／143

　　　6.3.4　兩種情形下的均衡結果比較／144

　　　6.3.5　基於自我防禦投資補貼的福利提升／144

　6.4　數值模擬和應用啟示／146

　　　6.4.1　數值模擬／146

　　　6.4.2　政策應用／148

　6.5　本章小結／149

7　結論與展望／150

　7.1　本書主要結論／150

　7.2　本書創新點／152

　7.3　實際應用建議／153

　7.4　進一步研究方向／155

參考文獻／157

1 緒論

1.1 研究背景和問題提出

1.1.1 研究背景

隨著信息技術的廣泛運用和快速發展，大多數企業的日常運行和商業管理越來越依賴於信息系統的應用[1]，因此信息系統所承載信息和服務的安全性正變得越來越重要。信息系統在保密性、完整性、可用性等方面出現任何問題和故障都可能給企業營運以及資本市場聲譽帶來很大的影響[2]，甚至造成企業破產。當前信息化環境中，企業信息系統面臨的各種黑客入侵事件越來越多，僅2014年以來，針對企業信息系統的嚴重的黑客入侵事件就發生了很多起，全球有超過上千次信息洩露事件（如圖1.1所示）。2014年3月23日，攜程網被曝出信息系統安全漏洞，將用於處理用戶支付的服務接口開啟了調試功能，使所有向銀行驗證持卡所有者接口傳輸的數據包均直接保存在本地服務器。同時因其支付日誌存在安全漏洞，導致所有支付過程中的調試信息可被任意黑客讀取，這些信息包括持卡人姓名、身分證、銀行卡類別、銀行卡號、CVV碼，6位Bin。2014年4月7日，OpenSSL公布了在全球範圍內得到廣泛使用的SSL協議存在一個嚴重漏洞，該漏洞可令攻擊者於遠程輕易地獲取服務器上所有的敏感信息，包括密碼、安全數據和私人密鑰。在漏洞披露的48小時之內，全

球最流行的網站和服務都迅速地打上了補丁。然而，攻擊者在打補丁之前利用該漏洞獲得的 SSL 密鑰和證書還可以在超過 1,200 家企業的系統中使用，包括 VPN 及其他網路服務。2014 年 9 月，美國第二大家居建材用品零售商 Home Depot 遭遇 POS 機攻擊，黑客使用名為 BlackPOS 的惡意軟件發動了攻擊，影響了全美國幾乎所有 Home Depot 門店。根據涉及的零售店數量進行估計，受影響的客戶數量可能以百萬計，被盜的信息包含客戶信用卡號碼、郵政編碼等數據，以及其他敏感的個人信息。其后幾大零售商品牌被大肆報導其銷售終端受破壞，導致整個零售業的核心被動搖。2014 年 11 月，黑客通過向索尼電影娛樂企業的電腦植入惡意軟件，導致企業內部信息系統受到大規模的破壞而癱瘓，大量敏感信息和專有內容被洩露。2015 年，美國最大的醫療保險企業之一 Anthem 也遭到了黑客攻擊，成為醫療行業中最大的網路攻擊受害者。黑客竊取了客戶的醫療識別號、社會保險號碼、住宅地址和電子郵件地址，而這些信息可能會被用於醫療詐欺。

圖 1.1 2014 年部分有影響力的訊息系統安全事件

通過這些事件可以得到以下幾點結論：

（1）黑客攻擊和信息系統安全事件的發生已經成為常態。根據 Ponemon Institute 對美國 2013 年信息安全事件的調查研究[3]，發現這些被調查企業每週

都會遭受總數為 122 起的信息安全事件，平均而言，每個企業每週都會招致 2 起信息安全事件，與 2012 年相比有 18% 的提高。究其原因，一是目前的企業信息系統其實是非常脆弱的，從網路漏洞、系統漏洞到應用軟件漏洞，甚至安全軟件都會出現漏洞，且這些漏洞的發現有加快的趨勢，因此導致攻擊爆發時間變短。二是企業信息系統安全意識不足，缺乏相應的技術和人員支持，或者對信息系統安全投資不能進行有效的規劃與管理。

（2）信息系統安全事件對企業造成的損失是非常巨大的。根據普華永道最新的全球信息安全狀況調查[4]，全球信息系統安全事件正不斷增長，無論信息系統安全事件起源於何處，其應對成本正在飆升。在中國內地和香港，2013 年每家受訪企業因信息系統安全事故導致的平均經濟損失竟高達 180 萬美元。同樣來自 Ponemon Institute 對美國 2013 年網路犯罪的調查顯示，樣本中的 60 個企業平均每年因信息系統安全事件造成的損失從 130 萬美元到 5,800 萬美元不等，平均為 1,160 萬美元。黑客一旦對銀行、證券機構的計算機網路和信息系統進行攻擊，往往會使金融機構蒙受重大損失，同時也給社會穩定帶來極為不利的影響。

信息系統安全事件能給企業帶來的損失主要有三種：

一是核心技術和競爭力的損失。對於高科技研發企業、設計企業等，專有技術、設計作品等是企業的核心競爭力，信息系統安全事故一旦發生，對它們往往產生致命的影響。比如某著名電子企業研發出一款新的電子產品投放市場，但是由於企業的核心技術被黑客獲取轉賣給另外一家企業，最后市場上出現了兩款類似功能的產品，導致這家著名電子企業產品的競爭優勢大打折扣。

二是社會信譽度損失。一旦發生信息系統安全事件，消費者和投資者會認為企業在信息系統安全管理上不負責任，而且這種不信任感會蔓延到企業各個方面，最終對企業形象、品牌忠誠度、資本市場籌資能力等造成不可挽回的損失。如 2014 年 eBay 旗下的服務器遭到了黑客的攻擊，泄漏了用戶的個人信息和帳戶密碼，導致了很大的負面影響，令其在 2014 年第一季度客戶大量減少。

三是直接經濟損失。2015 年，愛爾蘭航空企業旗下的子企業瑞安航空的

銀行帳戶遭到了黑客的攻擊，被盜走 500 萬美元。這個帳戶是瑞安航空用來為旗下飛機支付加油款項的基金帳戶，並且沒有設置立即報警功能。IBM 安全人員對此並不詫異，他們發現這次盜竊使用了專門的惡意軟件，這類惡意軟件問世以來已經從各家企業帳戶中盜走超過 100 萬美元[5]。

（3）黑客的攻擊主要是出於經濟的目的。早期的黑客可能會以炫耀技術為目的，而現在黑客群體出現了分化，並開始大量出現以盈利為目的的攻擊行為。這些攻擊把企業信息系統作為目標，不經過授權就獲取信息系統上存儲的信息，對目標信息系統進行控制，或者改變數據的完整性以及信息系統的可用性，從而獲取經濟利益。特別是 P2P 行業日益火爆以來，相關企業遭遇黑客攻擊的頻率就大幅增加。據不完全統計，自 2014 年起，全國已有超過 150 家 P2P 平臺由於黑客攻擊造成系統癱瘓、數據惡意篡改等。而且隨著信息技術的快速發展，黑客集團也逐漸形成了龐大、完整的集團和產業鏈。他們分工明確、無孔不入，不斷地尋找各種漏洞並設計入侵/攻擊流程，以期達到一定的經濟目的（如圖 1.2 所示）。

（4）黑客的攻擊更加智能和隱蔽。隨著時間的推移，黑客對信息系統的攻擊已經變得更加複雜。從前的攻擊需要黑客有相當高的專業技術水平和熟練的操作技能，現在，因特網中的黑客站點隨處可見，黑客工具可以隨意下載，很多腳本小子不需要自己發現系統漏洞，只需使用別人開發的黑客程序就能對企業信息系統進行攻擊和破壞，這對信息系統安全構成了極大的威脅。低層次的黑客發動攻擊所需要的技巧和知識並不是很高，但所造成的破壞性更大。另外黑客攻擊的隱蔽性很強，攻擊的證據沒有專業知識很難獲取，而實施惡意攻擊的行為人卻很容易毀滅這些證據。

信息系統安全威脅客觀存在並不斷增長，攻擊技術、防禦技術的改變和信息系統環境的變化（例如漏洞的不斷發現）也都是日新月異。重要的是，在企業的運行和管理越來越依賴於信息系統的情況下，企業必須獲得可靠的信息系統安全保障來確保組織的正常運行。面對越來越嚴峻的信息系統安全形勢，企業等組織的常規做法是加大對信息系統安全的投入，購買和運用更多更先進

的信息安全設備和技術，如防火牆（firewall）、入侵檢測系統（IDS）、虛擬專用網路（VPN）、防病毒軟件、數據備份等。2015年中國信息安全市場規模超過25億美元，預計到2019年有望達到48.2億美元，5年複合增長率14.5%，遠高於全球信息安全市場增長速度。

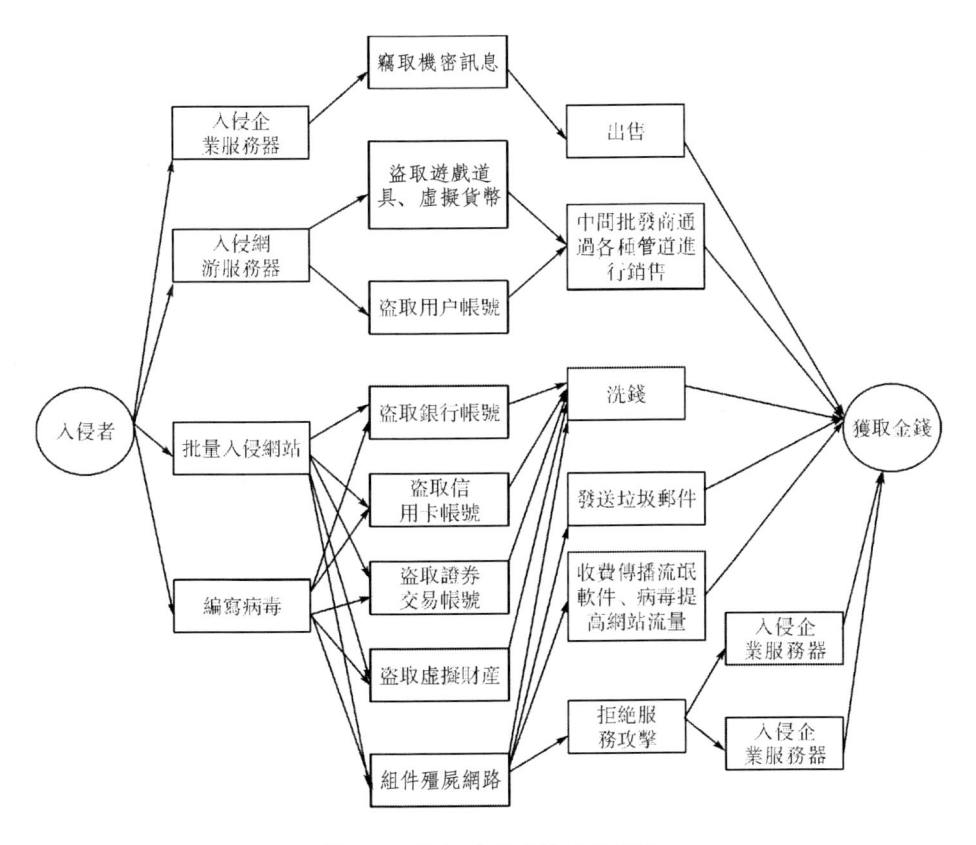

圖1.2 黑客/病毒產業鏈示意圖

然而，最近的研究成果表明，並不是信息系統中的信息安全投資越大，運用的信息安全技術越多、越先進，其效果就一定越好[6]。特別需要強調的是，信息系統所處的網路環境不僅僅是由技術元素構成的，而是一個包含技術、管理者、黑客、風險關聯企業、客戶、信息系統安全管理服務商、保險企業等涉及多方利益相關者的龐大複雜經濟社會系統。解決信息系統安全問題，僅僅依靠技術手段很難完全實現[7]，必須充分考慮各種影響因素和各類利益相關者的

策略或行為對信息系統安全的影響。當前，針對這些問題的研究形成了一個新的研究領域——信息安全經濟學。雖然該研究領域出現較晚，但已經有一些成果發表在 Science、Management Science、MIS Quarterly、Information Systems Research、Journal of Management Information Systems 等國際頂級學術期刊上，國外著名高校如劍橋大學、加州大學伯克利分校、哈佛大學、卡內基梅隆大學、馬里蘭大學、德克薩斯大學達拉斯分校等的相關學者每年以專題學術會議的形式圍繞信息安全經濟學進行研討和交流。該領域主要是綜合運用經濟學和管理學等理論與方法（如外部性、投資收益率、搭便車問題、道德風險、博弈理論），研究如何從制度設計和技術運用相結合的角度系統解決網路安全和信息系統安全問題。目前，該領域研究的問題主要涉及黑客入侵行為分析、信息安全技術配置優化以及安全投資策略優化、信息系統安全外包、信息系統安全保險、政府管制政策、激勵機制等多個方面。

1.1.2 問題提出

在信息安全經濟學當前的主要研究領域中，有幾個方面的問題值得關注。

一是隨著計算機網路和通信技術的快速發展，通過運用先進的信息技術來聯繫關聯企業和整合供應鏈正成為各個行業的趨勢，如電子數據交換（Electronic Data Interchange，EDI）、連續庫存補充計劃（Continuous Replenishment Program，CRP）、供應商管理庫存（Vendor Managed Inventory，VMI）等的廣泛運用使得企業與其上下游企業、甚至與競爭對手之間形成了緊密的聯繫和信息共享[8-12]。因此，關聯企業信息系統的安全性直接影響一個企業信息系統的安全性。如果關聯企業安全投資水平不高，共享信息不能得到有效的保護，企業提升自身信息系統安全性要付出的代價必然會提高[13-14]。例如一旦一個黑客成功入侵了網路化供應鏈中的任何一個企業，就很容易入侵供應鏈網路中的其他企業。因為在網路化供應鏈中，企業允許其協作企業直接通過其信任的方式來訪問其相關信息，這也使一個企業的安全漏洞得以影響整個網路化供應鏈。

但是企業這種相互依賴性對企業的影響是和黑客攻擊模式相關的，有時一個企業提升本企業的信息系統安全投資水平能夠使黑客轉而攻擊另外的企業，從而降低其他企業的防禦成功率。另外，也有不少研究認為黑客能夠在資產相似企業中選擇脆弱性高的或者資產價值大的目標進行攻擊[15-16]。這種企業不同的相關作用在一定程度上必然影響企業之間的信息系統安全投資戰略選擇和風險管理方式。因此考慮黑客不同攻擊模式下的信息系統安全投資策略和安全水平，以及研究企業的信息系統安全投資協調機制，是信息安全經濟學研究領域的重點問題之一。

二是由於漏洞的不斷發現和計算機病毒隨時間快速擴散，形成了信息系統安全的動態環境。企業可以採用新的信息系統安全技術，黑客也可以通過學習獲得新的攻擊技術，所以企業在制定信息系統安全投資策略時需要充分考慮時間維度，即需要考慮企業和黑客所處網路環境隨時間的動態變化以及系統脆弱性和黑客的學習能力等。這方面的研究一般可以運用微分博弈方法來進行分析，從而得到時間維度下企業信息系統安全投資策略。

三是信息系統安全管理服務商的出現和信息系統安全保險業務的發展促使企業有了新的風險管理模式和工具。所謂企業信息系統安全外包，簡單來說，是指企業將全部或部分信息安全工作指定信息系統安全管理服務商完成的服務模式。由於信息系統安全管理服務商專門從事專業化的信息技術和信息系統安全工作，能夠更加靈活地運用有限的預算資金，採購更加合適的設備，招募專業的技術人員和專家，提供模塊化的可選擇的服務，從而能使組織各種類型的信息資源在更低的成本上得到足夠的安全保證。但是擁有這些優勢的同時，也帶來了新的問題。例如如何解決外包中普遍性的道德風險問題，如何結合技術模塊和信息系統外包特徵去考慮契約設計與風險控制問題，都值得去研究。

另外一個風險管理工具——信息系統安全保險則發展於英國。英國政府最近與私營部門合作向企業推廣信息系統安全保險，確保信息系統安全保險成為企業 IT 安全的有力工具，幫助企業控制數據洩露風險。負責網路安全戰略的英國內閣大臣弗朗西斯·莫德表示[17]，儘管保險不能代替安全的網路環境，

但是它可以成為企業全面信息系統安全風險管理的重要補充。保險企業可以通過向客戶企業提出合適的網路威脅相關問題，來指導和激勵顯著改善業界的網路安全實踐。因為信息系統安全保險能夠有效地使企業向商業保險企業轉移信息系統安全風險，因而在此背景下研究企業如何在信息安全技術投資和保險覆蓋中進行優化，以及信息系統安全保險能否促使社會最優化投資等問題都是有一定意義的。

四是由於信息系統安全具有公共產品特徵，需要政府出抬一些激勵措施。在現實中有的企業出於成本的考慮，不願採取足夠的信息系統安全防禦措施方面的投資，在負外部性的影響下，會對其他企業的安全水平產生負面影響，甚至會出現「公共地悲劇」現象。因此，政府需要設計相應的激勵策略促使企業採取足夠的信息安全措施，提高整個社會的信息系統安全水平。例如，如果企業僅購買安全軟件而不安裝補丁，黑客可以通過該軟件漏洞將攻擊滲透到關聯企業網路。政府可以對購買安全軟件的企業採取補貼或者獎勵等激勵策略促使其安裝補丁，保障整個網路環境的信息系統安全水平。當前關於信息安全經濟學的研究，對信息系統安全中各參與方的經濟動機分析及相應的激勵策略設計較少涉及。而管理制度流程的缺陷正是近幾年信息系統安全事件愈演愈烈的主要癥結所在，信息安全經濟學在這方面的研究明顯不足。

總之，面對日益嚴峻的信息系統安全形勢，企業越來越需要重視信息系統安全投資策略和風險管理方面的問題，但是由於整個信息系統安全問題涉及的影響因素比較複雜，且參與的利益相關主體比較多，如果企業不能根據環境的變化及時地調整策略並採取一定的風險管理措施，其安全性就不能得到有效的保障，還有可能造成重大的損失。現實中大量的實例表明，一些企業在信息系統安全投資方面的投資是巨大的，但並沒有得到相匹配的經濟回報。因此，如何系統地考慮信息系統安全中的各個影響因素之間的複雜關係，有效地進行投資決策以提升信息系統安全管理水平是信息安全經濟學學術界需要深入研究的課題之一。它需要在綜合考慮信息系統面臨的安全形勢和威脅、分析信息系統的安全性和經濟性要求、充分考慮信息系統安全特徵和要求的基礎上，基於博

弈理論、優化理論、市場競爭理論、委託代理理論和風險管理理論等理論和方法，在充分考慮黑客可能發動的網路攻擊模式以及其他參與者等利益主體的經濟動機的情況下結合相關安全技術配置和風險管理工具進行科學合理的信息系統安全投資決策。所以，這是一個既要分析技術配置和投資水平，又要分析黑客的入侵模式和其他多種相關主體影響的複雜問題。因而是一個既有重要理論意義，又有重要現實意義的問題。

1.2 相關問題的國內外研究現狀

目前，在綜合考慮信息系統安全形勢和威脅、信息系統安全性和經濟性要求以及信息系統運用特點和要求，科學制定信息系統安全投資策略，合理採用相應的風險管理方法，以顯著提升信息系統安全水平方面的系統研究還比較少。在黑客攻擊模式、縱深防禦戰略和多種安全技術組合運用和優化配置、相互依賴風險下的信息系統安全投資以及信息系統安全保險和外包等方面已經開展了一系列的討論和研究，取得了多方面的研究成果，為本書的研究奠定了比較好的基礎。具體來說，與信息系統安全投資策略和風險管理相關的研究主要包括四個方面。

（1）考慮黑客攻擊模式的安全策略。黑客攻擊是影響信息系統安全投資策略的關鍵因素之一，目前學術界的相關研究主要包括黑客定向攻擊下的信息系統安全策略、黑客隨機攻擊下的信息系統安全策略、混合攻擊下的信息系統安全策略以及分析黑客與企業之間的博弈關係。

（2）信息系統安全技術配置策略。它體現為企業運用管理學理論和方法，以收益最大化為原則，對防火牆和IDS等安全設備的報警率等技術參數進行優化設置。主要研究包括信息系統安全技術的交互、單一安全技術配置優化、兩種以上多技術組合配置策略。這方面的研究主要來自德克薩斯大學-達拉斯分校的Cavusoglu Huseyin等學者的一些文獻。

(3) 風險相互依賴下的企業信息系統安全投資策略。研究關聯企業信息系統安全投資策略，是信息安全經濟學研究領域的重點問題之一。主要研究包括關聯企業之間安全投資的均衡水平、相互競爭企業的安全投資水平、外部激勵機制對關聯企業信息系統安全投資水平的影響、網路脆弱性和供應鏈整合程度對企業信息系統安全投資的影響、企業信息系統相互關聯特徵和緊密程度變化對安全投資的影響、有效的信息共享激勵機制設計等。

(4) 信息系統安全風險管理策略。它主要是指將信息系統安全風險通過信息安全業務外包轉移給信息系統安全管理服務商，或者通過購買保險的方式將黑客攻擊帶來的損失轉移給保險商。主要研究包括保險或者外包契約的設計、外包中的激勵機制設計、保險或者外包中的道德風險問題以及信息不對稱的問題。

1.2.1　考慮黑客攻擊模式的信息系統安全投資策略研究綜述

黑客的攻擊模式是影響企業信息系統安全投資策略和風險管理的關鍵因素之一，且與信息系統安全風險相互依賴性息息相關。在信息安全經濟學中，為了研究方便，通常將黑客攻擊按攻擊機理分為定向攻擊和隨機攻擊。定向攻擊是指黑客根據收益最大化原則對不同的用戶、企業或者組織分配不同的攻擊資源，如拒絕服務攻擊和商業間諜攻擊；隨機攻擊是指黑客忽視這些攻擊目標的差異性隨機分配其攻擊資源，例如病毒、蠕蟲、郵件攻擊、釣魚攻擊等。Png 和 Wang（2009）[18]分別針對黑客的定向攻擊和隨機攻擊建立了博弈模型，對比了提高用戶防禦（安全培訓、技術支持、安全軟件自動更新）和打擊黑客犯罪（審查、拘留、懲罰）兩種措施的有效性，指出在兩種攻擊方式下提高用戶防禦都是有效的，但打擊黑客犯罪未必都有效。Mookerjee 等（2011）[19]構建了一個動態優化模型，假設黑客隨機攻擊是固定攻擊速率的而黑客定向攻擊是可變攻擊速率的，在此基礎上分析企業信息安全技術的最優配置問題，並進一步討論了黑客知識擴散的影響。Huang 和 Behara（2013）[20]利用網路理論得出企業在信息安全投資預算約束下，如果信息系統關聯性強、信息安全事件

影響較大，企業應重點防禦黑客定向攻擊而非隨機攻擊。Dey 等（2014）[21]以黑客定向攻擊和隨機攻擊為背景，通過建立相應的博弈模型，分析和解釋了信息安全軟件市場中安全軟件供應商眾多、市場覆蓋率低、產品同質化嚴重等現象。除了兩種基本劃分外，Liu、Ji 和 Mookerjee（2011）[22]研究了兩個企業信息資產的關係屬性影響下的攻擊模式：當兩個信息資產存在互補關係時，黑客必須對兩個企業都攻擊成功才獲取收益；當兩個信息資產存在替代關係時，如果一個企業的信息系統被黑客成功入侵，黑客就缺乏動力去入侵另外一個企業，但是如果黑客入侵第一個企業失敗，那麼黑客就會根據目標的替代率決定轉而攻擊另外一個企業的信息系統。在此基礎上，該書進一步分析了兩種資產屬性下的信息系統安全投資策略和安全信息分享機制。

1.2.2　信息系統安全技術配置策略研究綜述

為了應對日益嚴峻的信息系統安全形勢，國內外學者對單技術配置優化以及組合技術配置優化問題進行了定量化的研究（如圖 1.3 所示）。不同於一些純技術研究[23-28]，這些研究主要結合具體的技術從決策論和博弈論的角度利用 ROC（receiver operating characteristics）曲線等處理方法對信息系統安全整體優化進行分析。

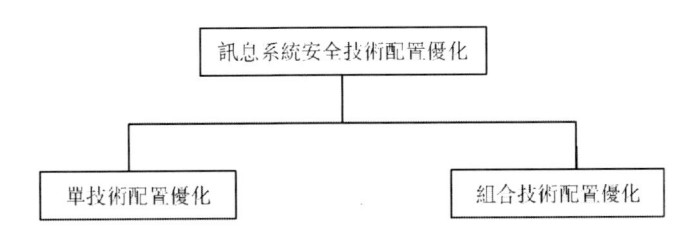

圖 1.3　訊息系統安全技術配置優化的主要研究問題

在單技術配置方面，Gaffney 和 Ulvila（2004）[29]運用決策分析方法、ROC 和成本分析法對入侵檢測系統進行了成本效益分析，發現入侵檢測系統的最優價值和成功運行的實現不僅僅依賴於 ROC 曲線，而且依賴於其運作成本和黑客的入侵概率。Yue 和 Bagchi（2003）[30]通過建立經濟模型並利用 ROC 曲線對

防火牆技術的配置收益進行研究，在淨收益最大化下分析防火牆技術可調整參數的最優配置點。Cavusoglu 和 Raghunathan（2004）[31]分別基於決策理論和博弈論建立了兩個不同的模型來分析企業運用 IDS 技術時的參數設置問題，發現在大多數條件下企業應用博弈論決策的效果要強於應用決策理論做出的決策的效果，但是博弈論在實際決策中不易採用，而應用決策理論做決策的條件要求更為簡單易得。Cavusoglu 等（2005）[32]還運用動態博弈理論建立模型，分析了企業和黑客之間的博弈關係，研究了企業是否該採用 IDS 以及如何對它進行科學設置。研究的結果表明，IDS 的配置價值取決於檢測率是否高於一個臨界值，而這個臨界值又取決於黑客的收益和成本參數；IDS 是否有非負收益並不依賴於檢測本身，而是來自於其威懾效應。郭淵博、馬建峰（2005）[33]利用博弈論的方法，建立了入侵者和入侵檢測及回應系統之間的數學模型，導出了博弈雙方的最優混合策略並對參與人的成本收益情況進行了分析，求出最佳回應的納什均衡點，給出能夠動態調整安全策略的自適應入侵回應策略。李天目、仲偉俊、梅姝娥（2008，2007）[34-35]研究了網路入侵檢測與即時回應的序貫博弈以及入侵防禦系統（IPS）檢測入侵和主動防禦機制等配置和管理問題，得出了選擇 IDS 和 IPS 的臨界條件。Yue 和 Cakanyildirim（2007）[36]通過建模分析了 IDS 的參數設置和回應對策，在綜合分析被忽略的報警造成的損失、調查成本和未檢測到的入侵損失的基礎上，發現忽略低等級的報警以分配更多的預算到未來可能發生的高等級的報警上是最優策略。Ogut, Cavusoglu 和 Raghunathan（2008）[37]研究指出，由於系統用戶中的黑客人數是極其少量的，這就嚴重限制了 IDS 作用的發揮，為此他們提出如果採用 IDS 報警信息時間等待策略，可以有效地提升 IDS 的價值。Cavusoglu 等（2008）[38]認為補丁管理是 IT 安全工作的重要組成部分，一個重要的問題是決定更新重要的補丁的頻率，高的更新頻率會增加運作成本同時降低安全風險，低的更新頻率會降低運作成本但是提高了安全風險，因此有必要採用一個合理的補丁更新頻率，並通過 Stacklberg 博弈研究了社會最優補丁管理政策和相關的供應商補丁釋放週期。

在組合技術配置方面，Cavusoglu 等（2009）[39]指出，對信息系統安全技

術的合理設置是平衡信息保護和信息訪問的關鍵，因為一項安全技術的參數可能直接影響另一項安全技術的參數設置。他們以防火牆和 IDS 組合運用為例，研究兩種技術組合情況下的參數設置問題。通過研究發現，如果不針對企業的安全環境對這兩項技術進行合理設置，有可能無法實現兩種技術之間的互補效應，導致運用兩種安全技術還不如運用一種技術有效。在國內，董紅、邱菀華等（2008）[40]結合不完全信息博弈論理論，構建了一個基於成本收益的信息系統安全技術選擇的數學模型，得出在兩種不同的信息系統安全技術配置下（僅使用防火牆或防火牆與入侵檢測系統共用）博弈雙方的最優策略，給出了能動態調整安全技術的自適應入侵回應策略。趙柳榕、梅姝娥和仲偉俊（2011，2013，2014）[41-43]對防火牆、漏洞掃描、IDS 以及 VPN 等兩種及多種技術的配置優化進行了詳細的研究，利用博弈論建立信息系統安全技術組合模型，比較了不同組合下企業和黑客博弈的納什均衡混合策略，並對風險偏好不同情形下的情況進行了有效分析。

1.2.3 風險相互依賴下的企業信息系統安全投資策略研究綜述

信息系統的一個重要特性是其相互之間存在強烈的外部性，Kunreuther 和 Heal（2003）[44]運用博弈論研究有相互依存關係的不同企業之間信息系統安全投資上的納什均衡，簡單分析了保險、責任、罰款和補貼、第三方檢查、規章和協調等外部機制對信息系統安全投資最優水平的影響。他們的研究對之後的相關研究產生了很大的影響。呂俊杰、邱菀華和王元卓（2006）[45]通過一個具有外部性的多企業之間信息系統安全投資的合作博弈模型，分析得出了兩種病毒攻擊下企業信息系統安全投資的均衡解。鞏國權、王軍和強爽（2007）[46-47]運用兩階段雙寡頭壟斷競爭博弈模型分析得出，信息系統安全投資越高，企業的收益越大。隨后他們又利用粒子群優化算法為企業推演了信息系統安全投資的智能化決策方法。

Garcia 和 Horowitz（2007）[48]通過一個博弈論模型得出，對於具備競爭性的多個企業，每個企業的安全投資水平從最大化社會福利的角度看都偏低，所

以有必要採取管制的方式提高企業的安全投資水平。Zhuang 等（2007，2010）[49-50]通過建立一個信息系統安全模型指出在具有網路外部互聯性的情況下，短見的企業的存在使得其他企業不願意進行信息系統安全投資。在類似的企業信息系統外部互聯情況下，指出對做出錯誤的信息系統安全投資決策的企業而言，提供補助能夠增加社會最優信息系統安全投資均衡的穩定性，並有效地提高社會福利。Cremonini 和 Nizovtsev（2009）[51]分別分析了攻擊者具有攻擊目標完全信息和不完全信息的行為特徵，研究發現當攻擊者具有攻擊目標安全特徵的完全信息，並且能在不同的攻擊目標之間進行選擇時，安全措施的效用會特別高，因為攻擊者的理性導致其會將更多的精力投入到攻擊安全級別較低的目標上，而主動規避安全級別較高的目標。研究還發現，安全保護級別越高的企業越希望將自己的安全狀態信息公開發布，以起到威懾黑客的作用。Bandyopadhyay 等（2010）[52]以網路供應鏈為背景討論了網路脆弱性和供應鏈整合程度對企業信息系統安全投資動機的影響。結果表明即使這兩種因素對企業信息系統安全風險產生相同的影響，但對企業的投資策略卻有著不同的影響。通過一個微分博弈模型假設企業的安全投資能夠隨時間動態地提高其信息系統的安全性。

隨著促進安全信息分享機構的成立[53-54]，相互依賴性風險下的安全信息分享也是另外一個重要的研究熱點。在學術上首先對安全信息分享進行系統研究的是 Gordon 等（2003）[55]。他們建立了一個數學模型來檢驗安全信息共享的福利經濟學意義並指出當信息共享不存在，各個企業獨立進行決策時，其在邊際收益等於邊際成本上決定信息系統安全投資；當企業間進行信息共享時，每個企業都可以減少這方面的投資，同時安全水平還能得到一定的提高。然而，如果沒有合理的激勵機制，每個企業都有「搭便車」的行為，其結果是每個企業都不願分享安全信息。他們還提出了信息共享能提升企業信息安全水平的充分必要條件，並認為一定的激勵機制安排也是很有必要的。Gal-Or 和 Ghose（2005）[56]運用產業組織理論中的伯川德模型分析競爭環境下的安全技術投資和信息共享問題，發現安全技術投資與信息共享是一種戰略互補關係。當企業間產品的替代性越高時，安全信息共享越有價值。也就是說，競爭性越

強的企業之間建立共享聯盟越能得到更大的收益且信息共享收益隨企業規模的增長而提高。Hausken（2007）[57]利用競賽成功函數表示信息系統安全事件發生概率，對兩個關聯企業的信息系統安全投資水平和信息分享水平進行了研究，認為由於企業獨立決策時會存在「搭便車」現象，因此社會計劃者有必要統一安排信息分享或者信息系統安全投資水平。Liu, Ji 和 Mookerjee（2011）[22]研究了兩個企業信息資產的關係屬性對信息共享的影響。他們認為當兩個企業的信息資產存在互補關係時，兩個企業都會選擇合作；當兩個企業的信息資產存在替代關係時，兩個企業不會主動合作，進而導致社會福利下降，此時必須由管制者採取一定的措施保證兩個企業的合作。熊強等（2012）[58]運用 Stackelberg 模型討論了供應鏈中的核心企業和夥伴企業在信息安全投資和信息共享方面的博弈，得出企業信息資產價值、網路脆弱性、共享成本、信息安全互補性等因素對決策結果的影響機制，並與 Cournot 模型博弈結果進行了比較研究。高星等（2015）[59]研究了兩個信息系統安全風險相互依賴的企業的信息安全投資和信息分享分別在獨立決策和集中決策下的均衡水平，發現通過社會計劃者的更多干涉能夠有效地促進社會福利的提高。

1.2.4　信息系統安全風險轉移策略研究綜述

信息系統安全風險轉移策略主要是指將信息系統安全風險通過信息安全業務外包轉移給信息系統安全管理服務商，或者通過購買信息系統安全保險的方式將黑客攻擊帶來的損失轉移給保險商，或者要求應用軟件供應商提供質量擔保（如圖 1.4 所示）。

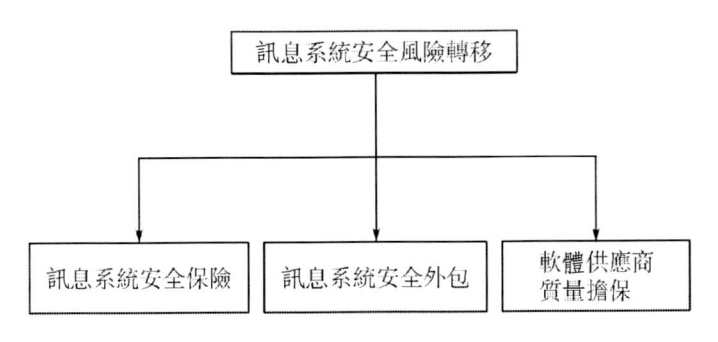

圖 1.4　訊息系統安全風險轉移三種模式

信息系統安全保險是一種轉移信息系統安全風險的有效工具，越來越多的學者對其進行了深入的研究[60-64]。Yang 和 Liu（2004）[65]研究了競爭性的保險市場能否影響信息安全技術投資，指出如果保險公司能夠觀察各個節點的保護水平，在保護質量不是太高的情況下保險市場對安全技術投資是正的激勵；但是如果保險公司不能夠有效獲得各個節點的保護水平等信息，那麼部分保險是最佳的激勵。Majuca（2006）[66]認為信息系統安全保險是管理信息系統安全風險的有效策略，分析了存在道德風險和逆向選擇下的安全保險市場的演化過程。Lelarge 和 Bolot（2009）[67]研究認為在保險人和保險公司之間不存在信息不對稱的情況下，信息系統安全保險能夠激勵保險人在信息系統安全自我防禦上進行投資，從而引起級聯效應，使眾多企業進行自我防禦投資。他們還認為企業信息系統安全自我防禦投資和信息系統安全保險在維持社會最優水平的信息系統安全上有相互促進作用。Shetty 和 Schwarz 等（2010）[68]通過調查保險公司和客戶在不同信息可用性情況下，客戶運用信息系統安全保險來提升風險管理下的信息系統安全水平的問題，發現在信息不對稱的情況下信息系統安全保險市場是不存在的，且表明信息系統安全保險雖然能夠提高保險者的效用，但是弱化了用戶投資激勵水平。Schwartz, Shetty 和 Walrand（2010）[69]解釋了信息系統安全保險合同中涉及企業一般特徵（例如員工數目，銷售額等）的指標並不能有效衡量企業實際的信息系統安全狀況。以風險厭惡的企業為背景，他們指出在安全外部性的影響下，當前的信息系統安全保險合同不能有效地促進安全水平的提高。Bohme 和 Schwartz（2010）[70]給出了一個信息系統安全保險統一模型。該模型包含了信息系統網路安全外部性影響，表明保險市場對用戶提高信息系統安全起消極作用。Ogut 等（2011）[71]對企業信息系統相互關聯情形下的保險購買、保險價格以及保險市場的發展進行了深入的分析。Shim（2012）[72]研究了多種情形下由於安全外部性影響導致的投資不足和投資過剩問題，並分析了信息系統安全投資和信息系統安全保險的交互性影響。還有一些學者針對信息系統安全保險的特徵、選擇因素和政策進行了詳細的研究[73-76]。

將信息系統安全服務外包給第三方已成為企業可選的信息系統安全戰略之一,可以使組織充分利用外部資源有效地降低其信息系統安全運作成本,從而能把更多的資源投入到更具有核心競爭力的業務和項目上。早期的研究主要綜合研究 IT 外包[77-84],在學術上首先完全針對信息系統安全外包進行系統闡述的是 Rowe(2005)[85]。他在文章中對信息系統安全外包的定義、外包的意義、外包的優劣勢以及外包合同的設計進行了系統的梳理。同時表明,當一個組織決定外包其信息系統安全時,要綜合考慮外包直接成本和間接成本。文章分析了各種外包方式,提出了信息系統安全外包需考慮的因素,並從微觀和宏觀方面提出一些可以進一步研究的領域。Ding 等(2005)[86]的研究認為信息系統安全外包中的道德風險問題不是很嚴重,主要是由於信息系統安全管理服務商十分關注其在競爭性市場中的聲譽,因為合作可能是長期的,信息系統安全管理服務商不能單單關注其一個階段的短期收益,而要關注其在以後時間裡的長期收益。他們的研究表明如果信息系統安全管理服務商十分關注其聲譽,那麼固定支付這種模式是最優的。如果信息系統安全管理服務商服務的客戶數量越多,服務質量就會越高,那麼在這種情況下,基於業績的合同是最優的。研究還表明交易成本越高,信息系統安全管理服務商報價越低。Ding 和 Yurcik(2006)[87]研究認為,動態性和複雜性迫使企業認真審視信息系統安全外包,外包的潛在優勢是在更低的成本上提高安全水平,潛在的風險是信息系統安全外包質量的不確定性和信息系統安全管理服務商的破產風險。Bojanc 等(2008)[88]提出企業信息系統安全投資的策略選擇是多樣的,主要包括消除信息系統安全威脅的根源;利用信息技術等工具實施防火牆、信息檢測系統等措施以減少信息系統安全威脅;通過信息系統安全外包或購買信息系統安全保險等方式轉移信息系統安全威脅,即減小其發生的可能性;將信息系統安全投資納入成本核算等。但每條策略不是永遠可行,企業應考慮如何組合運用這些策略。Gupta 和 Zhdanov(2012)[89]認為 MSSP 網路是一種形式上協作,幾個企業共享資源,如診斷、防禦工具和政策來為他們的計算機網路安全提供安全保障,能分擔風險,獲得更多安全資源和專業知識。Hui 等(2012)[90]分析了傳

染風險和安全等級如何影響信息系統安全管理服務商和企業的均衡行為，指出實施安全等級能夠促使信息系統安全管理服務商增加投資，但社會福利卻降低。Cezar 等（2009）[91]認為企業信息系統安全外包分為兩個部分——安全設備管理和安全檢測。如果兩部分工作外包給同一個信息系統安全管理服務商會出現道德風險問題，而且激勵信息系統安全管理服務商達到社會最優效率的罰款數額在法律上是不可行的。他們進一步研究了將安全設備管理和安全檢測功能分別外包給兩個 MSSP 提供商的模式，表明最優罰款在法律上是可行的，而且對信息系統安全管理服務商提供了最優激勵。在信息系統安全外包技術層面，有 Zhang 等（2006）[92]的研究，他們研究了在信息系統安全外包安全分析中採用匿名分析技術，可以使信息系統安全管理服務商不接觸企業完整的信息，從而減少商業風險。

軟件供應商質量擔保方面的研究僅僅有 Byung Cho Kim，Pei-Yu Chen，Tridas Mukhopadhyay（2010）[93]的研究，他們認為軟件供應商沒有動力去提升軟件的安全性，就因為客戶承擔了其中的損失，因此他們提出了軟件安全風險分攤機制，運用模型考慮了不同情形下的風險分攤問題，考慮如何有效地提高信息系統安全性。

1.2.5 已有研究評述

信息安全經濟學是跨信息管理與信息系統學科以及經濟學學科的綜合性研究領域。在該領域，這些年國內外出現了不少相關研究成果。但從不同利益相關者出發討論信息系統安全投資策略和風險管理的研究還較少，目前這些研究成果在安全投資策略上主要還是僅考慮了正的風險相互依賴性，沒有考慮負的風險相互依賴性；僅僅考慮互聯風險，沒有考慮企業間信任風險的影響對信息系統安全投資策略的影響；大多數只考慮靜態的情形，沒有考慮動態的環境，如信息系統脆弱性和黑客學習能力等方面的動態變化；在信息系統安全風險管理上的相關研究更是不多，對安全外包和保險契約的設計等問題也缺乏充分的研究。目前已有相關研究主要存在以下多方面問題：

一是在考慮信息系統安全風險相互依賴企業的信息系統安全投資時，大多只考慮了正的風險相互依賴。著名學者 Hausken[57] 認為有時候企業這種風險相互依賴是負向的，一個企業提升本企業的信息系統安全投資水平能夠使黑客轉而攻擊其他企業，從而降低其他企業的防禦成功率。Liu 等[22] 認為黑客能夠在資產相似企業中選擇脆弱性高的或者資產價值大的目標進行攻擊。這種企業不同的相關作用在一定程度上必然影響企業之間的信息系統安全投資戰略選擇。

二是現有研究較少考慮信息系統安全環境隨時間的變化。由於信息技術的快速發展，一方面企業可以獲取或者更新防禦技術和措施，另一方面黑客也可以學習到新的攻擊方法，所以企業在制定信息系統安全投資策略時需要充分考慮時間維度，即需要考慮企業和黑客所處信息系統安全環境隨時間的動態變化。而已有的文獻在這方面考慮的不是很多。絕大部分文獻都是從靜態角度分析企業的信息系統安全投資策略，但是鑒於信息系統安全的背景環境的複雜性和動態變化的特點[94-98]，在動態框架下運用微分博弈方法[99-105]研究信息系統安全投資可能更加貼近現實。

三是雖然目前已有研究普遍認識到加強信息系統安全外包必須將技術和管理相結合，不能脫離不同安全技術的具體作用而簡單地研究信息系統安全外包，但目前的研究成果中，能真正將這兩者有機結合起來進行定量分析的不多，在一定的信息系統安全特徵下設計外包契約，以及如何規避外包中的風險都有待深入研究。

四是可以看出信息系統安全的負外部性問題及其通過補貼來內化這種外部性的研究很多。關於信息系統安全保險的研究主要集中在信息不對稱問題以及網路保險市場的發展問題等層面，很少有文章考慮通過信息系統安全保險契約設計來解決外部性以及含有信息系統安全保險的投資激勵問題。

1.3　本書的研究結構和主要內容

　　針對當前信息系統安全投資策略及風險管理研究中存在的重點問題，本書綜合運用博弈論、最優化理論，管理學、風險管理、金融學等學科中的相關理論和方法，以企業信息系統安全問題為背景，充分考慮企業信息系統安全的特徵，構建定量模型進行相關問題的研究。具體而言，本書共分為七章，全書內容結構如圖 1.5 所示。

　　第一章介紹本書的研究背景，提煉出當前信息系統安全投資中需要研究和關注的問題。接著分析和評價了信息系統安全投資策略及風險管理的相關研究，給出了相關研究的進展和不足之處，同時給出了本書的研究內容和研究框架。

　　第二章界定本書中所涉及信息系統安全投資策略及風險管理中的一些基本概念，如信息系統安全、信息資產、安全威脅、系統脆弱性、風險管理工具等，在此基礎上進一步分析了信息系統安全投資策略及風險管理決策過程以及影響信息系統安全投資策略的主要因素。

　　第三章研究了互聯風險和信任風險對企業信息系統安全投資策略的影響。首先，分別建立了互聯風險和信任風險下的非合作博弈模型和合作模型，研究了兩種情形下互聯風險和信任風險對企業信息系統安全投資策略的作用機理。其次，對合作博弈下的投資水平與非合作博弈下的投資水平進行了比較。最後，研究了互聯風險和信任風險共同作用下的企業信息系統安全投資策略，討論非合作博弈和合作博弈下互聯風險和信任風險共存對企業信息系統安全投資水平的影響並對相關變量作用的臨界條件進行了分析。

　　第四章研究了動態環境背景下基於兩種黑客攻擊模式的企業信息系統安全投資策略問題。首先，本章分別針對黑客隨機攻擊和定向攻擊的情形，討論了非合作博弈下信息系統安全投資的最優策略選擇，在此基礎上討論了安全投資

效率、黑客學習能力、目標替代率、黑客成功入侵給企業帶來的損失對信息系統脆弱性和最優信息系統安全投資水平的影響。其次，在推導出兩個企業在合作博弈情形下最優策略選擇的基礎上，對比兩種情形下的博弈均衡結果，得出合作博弈下的投資水平與非合作博弈下的投資水平的大小關係並分析產生差距的原因。最后，構建一種相互的支付激勵機制解決相關的問題，從而使企業達到合作博弈下的最優投資水平，以期提高兩個企業的聯合收益。

第五章研究了信息系統安全外包契約設計問題。第一部分研究了信息系統安全服務商的單邊道德風險下，基於信息系統安全功能區分的信息系統安全外包激勵機制問題。即研究了委託企業如何通過不同的契約設計來協調信息系統安全管理服務商的投入水平，從而有效地控制信息系統安全外包風險的問題。本書基於前人的研究和委託代理理論，提出了三種契約模型，即一般懲罰契約、部分外包契約和獎勵-懲罰契約。然后對不同外包模式的均衡結果分別討論並進行全面比較。第二部分研究了雙邊道德風險下的信息系統安全外包問題。首先討論了信息系統安全外包中 MSSP 和委託商由於私有信息問題而引起的雙邊道德風險問題。對分散決策下的雙方投入水平與合作下的雙方投入水平進行了比較，進而研究了一般賠償契約下的雙方投入水平。其次，研究了關係激勵契約，並對關係激勵契約有效性的臨界條件進行了分析。

第六章研究了信息系統安全保險背景下的信息系統安全投資激勵機制。第一部分分析了互聯環境下企業信息系統被黑客入侵的概率受其自身信息系統安全水平和整個網路安全水平的共同影響的情形。在推導出兩個企業在合作博弈情形下的最優策略選擇的基礎上，將其與非合作情形下的博弈均衡結果進行比較。為解決信息系統安全投資中相互依賴導致的投資不足問題，根據信息系統安全保險設計一種信息系統安全投資激勵機制。第二部分通過對比非合作博弈和社會最優下的自我防禦投資和信息系統安全保險水平，提出相應的政府補貼協調機制。

第七章總結本書的主要研究成果和創新之處，並在此基礎上指出進一步的研究方向。

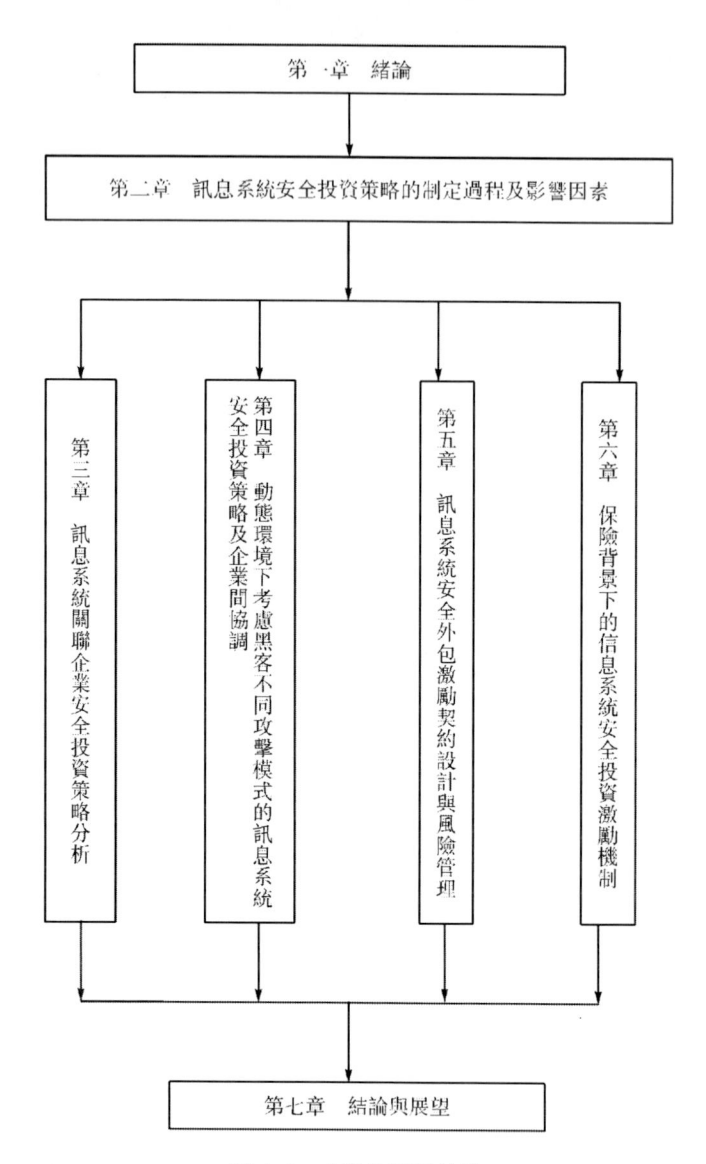

```
                    ┌─────────────────────┐
                    │    第一章  緒論      │
                    └──────────┬──────────┘
                               │
            ┌──────────────────▼──────────────────┐
            │ 第二章 訊息系統安全投資策略的制定過程及影響因素 │
            └──┬────────┬────────┬────────┬──────┘
               │        │        │        │
        ┌──────▼──┐ ┌───▼────┐ ┌─▼──────┐ ┌▼──────┐
        │第三章   │ │第四章  │ │第五章  │ │第六章 │
        │訊息系統 │ │動態環境│ │訊息系統│ │保險背 │
        │關聯企業 │ │下考慮黑│ │安全外包│ │景下的 │
        │安全投資 │ │客不同攻│ │激勵契約│ │信息系 │
        │策略分析 │ │擊模式的│ │設計與風│ │統安全 │
        │         │ │訊息系統│ │險管理  │ │投資激 │
        │         │ │安全投資│ │        │ │勵機制 │
        │         │ │策略及企│ │        │ │       │
        │         │ │業間協調│ │        │ │       │
        └────┬────┘ └───┬────┘ └───┬────┘ └───┬───┘
             │          │          │          │
             └──────────┴────┬─────┴──────────┘
                             │
                    ┌────────▼────────┐
                    │ 第七章  結論與展望 │
                    └─────────────────┘
```

圖 1.5　**本書的組織結構**

2 信息系統安全投資策略的制定過程及影響因素

信息系統在各行業廣泛深入的應用,有力地推動了各領域管理模式的巨大變革,但信息系統技術在帶來巨大商業價值的同時,對企業信息系統安全也產生了前所未有的挑戰。與以前企業所處的網路環境不同,現代企業信息系統安全面臨著許多新的特徵。各個組織和企業必須根據這些新的特徵和安全性的要求進行相關決策的制定。本章首先介紹了信息系統安全的相關概念及其安全要素,接著分析了影響信息系統安全的影響要素以及信息系統安全技術與風險管理工具,最后結合信息系統安全的特點制定了信息系統安全投資與風險管理決策過程,提出影響信息系統安全投資策略及風險管理的主要因素。

2.1 信息系統安全及其要素分析

2.1.1 信息系統與信息系統安全

從系統的角度來看,信息系統(Information System,IS)是一個由人、計算機硬件、軟件及其他外圍設備等組成的能進行信息的收集、傳遞、存儲、處理、維護和使用,並提供反饋機制以實現其目標的元素集合。從管理科學的

角度看，信息系統是一個基於信息技術為組織管理問題解決提供支持，以幫助組織應對環境挑戰的系統，其主要任務是利用計算機、網路、數據庫等現代信息技術，處理組織中的數據、業務、管理和決策問題，並為組織目標服務[105-107]。

本書所研究的信息系統指的是以計算機信息處理為基礎的人機一體化的信息系統。信息系統應用經歷了如表2.1所示的四個發展階段[108]。

表2.1　　　　　　　　　　訊息系統應用的四個發展階段

階段	年代	主要目標	典型功能	核心技術	代表性系統
數據處理系統	20世紀50~70年代	迅速、及時處理大量數據，實現手工作業自動化，提高工作效率	統計、計算、指標、文字處理	高級語言、文件管理	電子數據處理系統（EDP）
管理訊息系統	20世紀60~80年代	提高管理訊息處理的綜合性、系統性、及時性和準確性	計劃、綜合統計、管理報告生成	數據庫技術、數據通信與計算機網路	早期的管理訊息系統（MIS）
決策支持系統	20世紀70~90年代	支持管理者的決策活動以提高管理決策的有效性	分析、優化、評價、預測	人機對話、模擬管理、人工智能	決策支持系統（DSS）、現代管理訊息系統
綜合訊息系統	20世紀90年代以來	實現訊息的集成管理，提高管理者的素質與管理決策水平	為管理者的智能活動、決策分析、研究、學習提供支持	網路技術、多媒體技術、人工智能	ERP系統、SIS、電子商務、供應鏈管理

信息系統安全是指保護信息系統中的硬件、軟件及其系統中的數據不受故意或者偶然地非授權洩露、更改、破壞，系統可以連續可靠地運行，信息系統服務不中斷。也有另一種定義認為，信息系統安全是指信息系統在進行信息採集、存儲、處理、傳播和運用過程中，信息的自由性、保密性、完整性、共享性等都能得到良好保護的一種狀態。這兩種對信息系統安全的定義，目標是一致的，但是側重點不同，前者注重動態的特性，后者注重靜態的特性。國際標準化組織（International Organization for Standardization，ISO）定義信息安全（Information security）：「為數據處理系統建立和採取的技術和管理的安全保護，

保護計算機硬件、軟件和數據不因偶然和惡意的原因而遭到破壞、更改和洩露。」因此建立在網路基礎之上的信息系統，其安全定位較為明確，那就是保護信息系統的硬件、軟件及相關數據，使之不因為偶然或者惡意侵犯而遭受破壞、更改及洩露，保證信息系統能夠連續、可靠、正常地運行。

信息系統安全目標就是實現信息的基本安全特性（即信息安全基本屬性），並達到所需的保障級別。信息安全的基本目標包括保密性、完整性和可用性。CIA 概念的闡述源自信息技術安全評估標準（Information Technology Security Evaluation Criteria，ITSEC），它是信息系統安全建設所應遵循的基本原則[109,110]。

保密性（Confidentiality）：確保信息在存儲、使用、傳輸過程中只有被授權的人才可以訪問，不能由非授權個人利用，或不能披露給非授權個人，確保個人能夠控制個人信息的收集和存儲，也能夠控制這些信息可以由誰披露或向誰披露。

完整性（Integrity）：確保信息和程序在存儲、使用和傳輸過程中不會被非授權用戶修改或破壞的特性，包括數據完整性（確保信息和程序只能在指定的和授權的方式下才能夠被改變）和系統完整性（確保系統在未受損的方式下執行預期的功能，避免對系統進行有意或者無意的非授權操作）。

可用性（Availability）：確保在需要時，被授權的用戶或者實體可以正常訪問信息和相關的資產而不會被異常拒絕，允許其可靠而及時地訪問信息及資源。

這三個概念形成了 CIA 三元組，如圖 2.1 所示。其體現了對數據和信息的基本安全目標與計算服務。NIST 標準 FIPS199（聯邦信息和信息系統安全分類標準）將保密性、完整性以及可用性列為信息與信息系統的三個安全目標。

圖 2.1 CIA 模型

除了 CIA，在信息安全研究領域中，一些人仍然認為需要使用其他的一些基本屬性來對信息安全進行全面的描述，包括以下幾個被經常提到的概念：

可追究性（Accountability）：從一個實體的行為能夠追溯到該實體的特性，可以支持故障隔離、攻擊阻斷和事後恢復等。

不可抵賴性（Non-repudiation）：一個實體不能夠否認其行為的特性，可以支持責任追究、威懾作用和法律行動等。

可控性（Controllability）：主要指對危害國家信息（包括利用加密的非法通信活動）的監視審計，控制授權範圍內的信息流向及行為方式。

信息系統安全的任務就是實現信息的上述幾種安全特性，而對於攻擊者來說，卻是要通過一切可能的方法和手段破壞信息系統的安全特性。

2.1.2 信息系統安全要素

信息系統安全要素是影響信息系統安全管理過程的因素，主要包括信息資產、安全威脅、脆弱性、信息系統安全對策等方面。信息系統安全決策就是針對信息資產的價值，通過識別資產存在的脆弱性和所面對的威脅，對事件發生的可能性進行評估，從而採取控制策略的選擇過程。

圖 2.2 展示了信息系統安全要素之間的關係。任何企業都包含各種各樣的以不同模式存儲和展現的信息資產，這些信息資產對於企業各項業務的成功是非常重要的，因而對企業是有一定的價值。價值通常用當信息未授權洩露、修改或者替換時，信息或服務的不可用/破壞對企業的業務運作所產生的潛在影響來衡量。企業首先要確定這些影響以確保識別資產的真正價值，無論影響是由什麼威脅引起的。然後評估有哪些威脅，可能導致類似的影響以及可能性的問題，例如資產可能面對眾多的威脅。再評估哪些威脅可能利用信息系統的脆弱性造成影響，如威脅可能利用系統漏洞以暴露信息資產。然後綜合資產的價值（潛在的負面業務影響）、威脅的等級和脆弱性來確定風險。這些組件中的任何一個，如價值、威脅和脆弱性，都可能增加風險。然後，通過風險的衡

量展示了整體保護要求，這些要求可以通過直接投資或者外包來實施影響以期降低風險、防範威脅並切實減少脆弱性，最后通過購買信息系統安全保險來轉移信息系統安全剩餘風險。

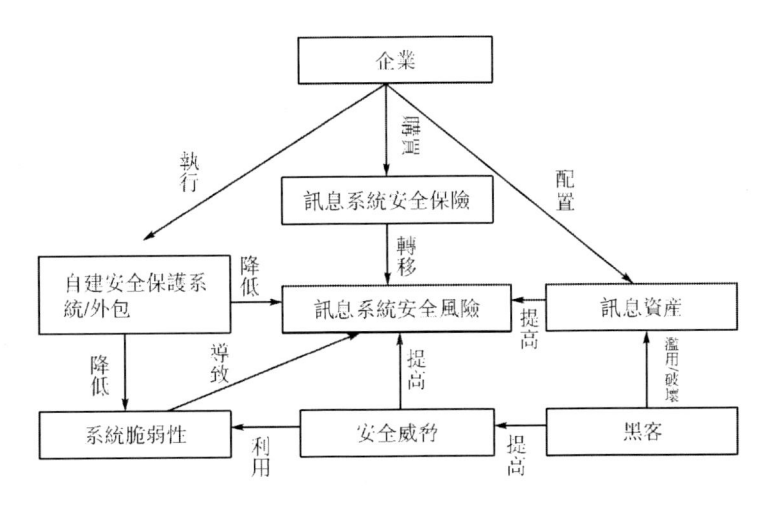

圖 2.2 訊息系統安全要素關係

接下來逐一對各個要素進行具體描述並討論它們之間的關係。

2.1.2.1 信息資產

信息資產的範圍是非常廣泛的，本書的定義為與信息有關的被組織賦予價值的並且需要保護的資源。信息資產識別是信息系統安全管理的第一步，主要是確定機構的資產有哪些、有多大價值以及資產的重要程度，以保證資產有適當程度的保護。信息資產不但包括物理的資產（如機房建築和設施、計算機設備等），還包括邏輯的資產（如存儲和傳輸中的數據、應用程序、系統服務等）和無形的資產（如組織的公眾形象和信譽等）。表2.2給出了通常的信息資產分類。[111]

表 2.2　　　　　　　　　　通常的訊息資產分類

分類	示例
數據	存在電子媒介中的各種數據資料，包括源代碼、數據庫數據、各種數據資料、產品訊息、運行管理規程、計劃、報告、用戶手冊等
軟體	應用軟體、系統軟體、文字處理程序等
硬體	計算機硬體、路由器、通訊設施、硬體防火牆、程控交換機、打印機、備份存儲設備等
服務	訊息服務，WWW、SMTP、POP3、FTP、MRP II、DNS、呼叫中心、內部文件服務，網路連接、網路隔離保護、網路管理、網路安全保障、入侵監控及各種業務生產應用等
文檔	紙質的各種文件、合同、財務報告、發展規劃等
設備	電源、空調、保險櫃、文件櫃、門禁、消防設備等
人員	各級雇員和雇主、合同方雇員等
其他	企業的聲譽和形象等

　　提高信息系統安全性的目的主要是滿足保護信息資產的需要。這裡的信息資產包括數據信息資產和物理設備資產等多種形式。本書中著重討論的是數據信息資產的安全性。得到完整的信息資產清單之後，應該對每種資產進行安全級別的歸類。在歸類其安全級別時需要綜合考慮信息資產受損帶來的各個方面的影響，主要包括因為信息資產受損而對企業造成的直接損失；信息資產恢復到正常狀態所付出的代價，包括檢測、控制、修復時的人力和物力；信息資產受損對其他組織（例如供應鏈企業）造成的影響、競爭外部性導致的間接損失以及信譽損失；其他損失，例如保險費用的增加等。如表 2.3 所示。

表 2.3　　　　　　　　　　安全級別的定義

安全級別	對應名稱	描述
高	絕密	對這些資產的保密性、完整性或可用性等安全屬性的影響（即發生洩漏、損壞、丟失或無法使用等）將對組織造成極嚴重的或災難性的損失，通常其影響範圍波及組織整體

表2.3(續)

安全級別	對應名稱	描述
中	保密	對這些資產的保密性、完整性或可用性等安全屬性的影響（即發生泄漏、損壞、丟失或無法使用等）將對組織造成較為重要的損失，通常其影響範圍波及組織局部
低	內部保密	對這些資產的保密性、完整性或可用性等安全屬性的影響（即發生泄漏、損壞、丟失或無法使用等）將對組織造成較為重要的損失，通常其影響範圍波及組織很少部門

2.1.2.2 安全威脅

信息系統安全威脅是指對信息系統中信息的完整性、可用性、保密性和可靠性等可能構成潛在損害能力的不期望原因。要保證信息系統的安全，就必須瞭解所面對的威脅，以便做出正確的決策。信息系統安全威脅來源是多方面的，有環境因素，也有人為因素，一般可以按表2.4、表2.5所示模式劃分來源和種類[112-116]。

表2.4　　　　　　　　　　　安全威脅來源

來源	描述
環境因素、意外事故或者故障	斷電、靜電、灰塵、潮濕、溫度、鼠蟻蟲害、電磁干擾、洪災、火災、地震等環境問題和自然災害；意外事故或軟硬件、數據、通訊線路方面的故障
無惡意內部人員	由於缺乏責任心，或者由於不關心和不專注，或者沒有遵循規章制度和操作流程而導致計算機系統威脅的內部人員；由於缺乏培訓，專業技能不足，不具備崗位技能要求而導致計算機系統威脅的內部人員
惡意內部人員	不滿的或有預謀的內部人員對計算機系統進行惡意破壞；採用自主的或者內外勾結的方式盜竊機密訊息或進行篡改，獲取利益
第三方	第三方合作夥伴和供應商，包括電信、移動、證券、稅務等業務合作夥伴以及軟件開發合作夥伴、系統集成商、服務商和產品供應商，包括第三方惡意的和無惡意的行為
外部人員攻擊	外部人員利用計算機系統的脆弱性，對網路和系統的機密性、完整性和可用性進行破壞，以獲取利益或炫耀能力

表 2.5 安全威脅種類

威脅種類	威脅描述
軟硬體故障	由於設備硬體故障、通訊鏈路中斷、系統本身或者軟體 BUG 導致對業務高效穩定運行的影響
物理環境威脅	斷電、靜電、灰塵、潮濕、溫度、鼠蟻蟲害、電磁干擾、洪災、地震等環境問題和自然災害
無作為或操作失誤	由於應該執行而沒有執行相應的操作,或無意地執行了錯誤的操作,對系統造成影響
管理不到位	安全管理無法落實、不到位,造成安全管理不規範或者管理混亂,從而破壞計算機系統正常有序運行
惡意代碼和病毒	具有自我複製、自我傳播能力,對計算機系統構成破壞的程序代碼
越權或濫用	通過一些措施,超越自己的權限訪問了本來無權訪問的資源,或者濫用自己的職權,做出破壞計算機系統的行為
黑客攻擊技術	利用黑客工具和技術,例如偵查、密碼猜測工具、緩衝區溢出攻擊、安裝後門、嗅探、偽造和欺騙、拒絕服務攻擊等手段對計算機系統進行攻擊和入侵
物理攻擊	物流接觸、物理破壞、盜竊
洩密	機密洩露,機密訊息洩露給他人
篡改	非法修改訊息,破壞訊息的完整性
抵賴	不承認收到的訊息和所做的操作和交易

　　識別資產面臨的威脅後,還應該評估威脅發生的可能性。組織應該根據經驗或者相關的統計數據來判斷威脅發生的頻率或概率。評估威脅可能性時有兩個關鍵因素需要考慮:威脅源的動機(利益驅使、報復心理)、威脅源的能力(包括其技能、環境、機會等)。

2.1.2.3 系統脆弱性

　　系統脆弱性指可能被威脅所利用的資產或若干資產的薄弱環節。一方面,脆弱性是資產本身存在的,如果沒有被相應的威脅利用,本身不會對信息資產造成損害。另一方面,光有威脅也構不成風險,威脅只有利用了特定的脆弱性才可能對資產造成影響。無論是什麼類型的信息系統,幾乎都存在或多或少的

脆弱性。如微軟的 IIS 服務器就多次曝出重大漏洞，可以說任何一個軟件系統都可能會因為程序員的一個疏忽、設計中的一個缺陷等原因而存在漏洞，這也是信息系統安全問題的主要根源之一。在信息系統安全中，組織應該針對每一項需要保護的信息資產，找到可被威脅利用的脆弱性。信息系統脆弱性的分類如表 2.6 所示[112]，安全威脅、系統脆弱性與資產的關係如表 2.7 所示。

表 2.6　　　　　　　　　　系統脆弱性分類

種類	描述
技術脆弱性	系統軟件和運用軟體的安全漏洞或缺陷，比如結構設計問題和編程漏洞
操作脆弱性	軟件和系統配置安全、操作使用不規範、審計或備份的缺乏
管理脆弱性	安全策略、規章制度、資產分類與控制、人員安全管理與意識培訓等方面的不足

表 2.7　　　　　　安全威脅、系統脆弱性與資產的關係

威脅因素	可能利用的脆弱性	導致的威脅	影響的資產
病毒	缺少反病毒軟件	病毒在內部網路傳染	軟體、數據、服務、信譽
黑客	操作系統漏洞；應用程序漏洞；缺少防火牆	對保密訊息的非授權訪問；造成緩衝區溢出；拒絕服務攻擊	軟體、數據、服務、信譽
用戶	操作系統中配置錯誤的參數	系統故障	服務、信譽
火災	缺少滅火器材	設施和計算機被損毀	設施、硬體、存儲介質、服務、信譽
雇員	缺少權力控制機制	關鍵訊息洩露	數據、信譽
合作夥伴	鬆懈的訪問控制機制	盜竊商業機密	數據、信譽
入侵者	缺少安全警衛	盜竊設備	設施、硬體、存儲介質、信譽

評估系統脆弱性時需要考慮兩個因素：嚴重程度，以及暴露程度（Exposure），即被利用的容易程度。可用「高」「中」「低」三個等級來衡量。

2.1.2.4　信息系統安全風險

一般而言，風險是指破壞發生的可能性。2007年4月22日至27日，國際標準化組織技術管理局風險管理工作組（ISO/TMB/WG Risk Management）在加拿大渥太華召開了第四次工作組會議，認定風險是不確定性對目標的影響。在信息系統安全領域，風險就是指特定威脅利用資產的一種或者多種脆弱性給資產和資產組帶來損壞並給企業帶來負面影響的潛在可能性，即特定威脅事件發生的可能性與后果的結合。

風險由兩大因素來定性：發生不利事件的可能性及其影響。可能性需要根據威脅評估、脆弱性評估、現有控制的評估來進行認定；而影響通過資產識別與評價就可以得到確認。任何資源、威脅、脆弱性及維護上的變化均對風險有重要后果。信息系統安全風險可以通過多種風險測量方法或者工具來進行評價，以確定風險的大小和等級，如表2.8、表2.9所示。

表2.8　　　　　　　　　　　　　風險可能性

等級	可能性描述	擴展的定義
1	罕見	僅僅是在例外的情況和可能被看作非常不可能的情況下可以發生
2	不大可能	也許在某些時候發生，但是並不認為在給定的當前控制狀況下和近年的事件中有多大可能發生
3	有可能	可能會在某些時候發生，但只是有可能。由於外部影響，控制它的發生很困難
4	很可能	在某些環境中將很可能發生並且人們對它的發生不感到驚訝
5	幾乎必然	在大多數的情況下早晚會發生

表2.9　　　　　　　　　　　　　　風險后果

等級	可能性描述	擴展的定義
1	無關緊要的	一般是在某個單一領域內、較小的安全違背的後果。其影響可能僅僅持續幾天或者更少，只需要小量的開支去調整。對機構的資產一般不造成明顯的損害
2	較小的	在一個或者兩個領域中的安全違背的結果。其影響通常持續不到一個星期，可以在一個部門或者項目組中得到處理，無需管理者的介入。一般使用一個項目或者小組的資源就可以調整。同樣，對機構的資產一般不造成明顯的損害，但是事後可能顯示出先前時機的喪失或者效率損失
3	中等的	有限系統內（並且有可能是運行中）的安全違背。其影響持續時間可達兩週，一般需要管理者介入，雖然仍能在項目或者小組級別處理。需要一些持續的合規成本投入去克服。客戶或公眾可以間接覺察或得到有限的與此有關的訊息
4	重要的	運行中的系統安全違背。其影響可能持續4~8周，需要指定的管理者介入和資源去克服。需要主管部門在事件持續期間，直接進行正確管理，也需要大量的合規成本投入。顧客或公眾能覺察到事件的發生，並能掌握一些重要的事實。這有可能造成業務或者機構成果的損失，損失的程度則是不可預料的，特別是當這種損失只發生一次的時候
5	災難性的	大範圍的系統化安全違背。其影響將持續3個月或者更久，主管部門在事件持續期間需要介入克服缺點。可以預料到實質性的合規成本。客戶業務損失或其他對機構的嚴重損害可能出現。機構可能被公眾或政府所責難，並出現信任危機。相關個人可能受到紀律處分，甚至受到刑事指控
6	毀滅性的	多起大範圍的系統化安全違背。其影響持續時間無法確定，主管部門被要求將公司置於自動監督之下，或進行其他形式的重大調整。可以預料到針對主管部門的刑事訴訟、業務損失和不能達成機構目標的情況已經無法避免。合規成本可能導致多年的虧損，甚至可能造成機構的清算結業

2.1.2.5 信息系統安全的對策

信息系統安全的對策指針對信息系統面臨的威脅和自身的脆弱性進行有效管理和控制信息系統安全風險，保障信息系統的安全運行而選擇採取的技術措

施和管理措施的集合。信息系統安全的對策一般有接受風險、降低風險和轉移風險等方法和途徑。

接受風險指企業在確定了信息系統安全風險等級，評估了信息系統的脆弱性和黑客攻擊的可能性以及信息系統安全事件發生帶來的潛在損失，並進行了有關的成本效益分析，評估了使用每種控制可能性之后認定某項資產不值得保護，或者保護資產的成本抵不上安全措施實施的投入成本時而使用的一種策略。對於信息系統安全風險的認識，很多人往往認為信息系統安全風險是越小越好，實際上這是一個非常錯誤的概念。減小信息系統安全風險，無論是減少危險發生的概率，還是採取防範措施使發生危險造成的損失降到最小，都是要付出巨大的資金、技術、設備和人力的。通常的做法是只要信息系統安全風險在一個合理的範圍之內，則未必要採取安全投資。一般而言，接受風險策略對於不同行業、不同系統、不同資產有著不同的評判標準。

降低風險指利用技術和管理措施將風險降低到可接受的水平。這是首選的控制策略，通過對抗威脅，排除資產中的漏洞，限制對資產的訪問，加強安全保護措施來實現。一般是運用信息系統安全技術層面上的措施來保障信息系統的安全營運、檢測、預防。下面介紹典型的技術與組合配置方式：

(1) 防火牆

防火牆是在不同安全區域之間進行訪問控制的一種技術措施，防止外部網路用戶以非法手段通過外部網路來訪問企業的內部資源[118]。一般是指設置在不同網路（如可信任的企業內部網和不可信的公共網）或網路安全域之間的一系列部件的組合。它是不同網路或網路安全域之間信息的唯一出入口，能根據企業的安全政策控制（允許、拒絕、監測）出入網路的數據包和連結方式，且本身具有較強的抗攻擊能力[119]。它提供信息安全服務，是實現信息系統安全的基礎設施。在邏輯上，防火牆是一個分離器，一個限制器，也是一個分析器，有效地監控了內部網和外部網之間的任何進出，保證了內部資源的安全。防火牆的技術示意圖如圖2.3所示。

防火牆的優點：防火牆能強化安全策略；可以有效地記錄每次訪問的情

況，有利於后續的審計活動；能通過過濾存在安全缺陷的網路服務來降低內部網遭受攻擊的威脅；限制用戶點暴露，對網路存取和訪問進行監控審計；能使外部網路主機無法獲得有利於攻擊的信息；防火牆是一個安全策略的檢查站，所有進出的信息都必須通過防火牆，防火牆便成為安全問題的檢查點，使可疑的訪問被拒絕於門外；還支持具有 Internet 服務特性的 VPN。

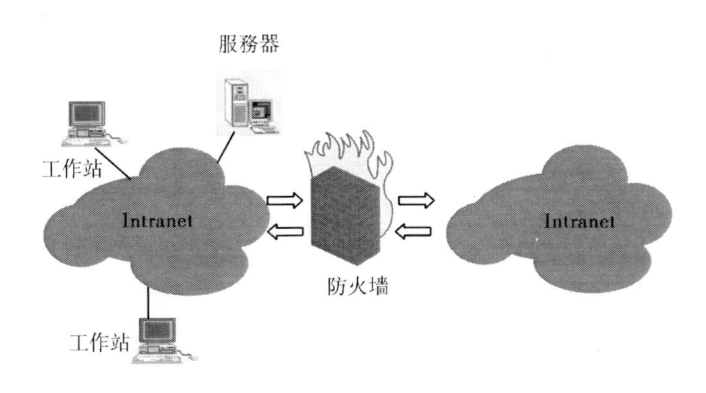

圖 2.3　防火牆技術示意圖

但是防火牆不是萬能的，僅僅是網路安全體系的一個組件，通常是抵禦攻擊的第一道防線，但是不能防範不經過防火牆的攻擊，也不能安全過濾應用層的非法攻擊和來自網路內部的攻擊。另外防火牆採用靜態安全策略技術，因此自身無法動態防禦網路上不斷出現的新的威脅和非法攻擊。

（2）入侵檢測系統（Intrusion Detection System，IDS）

入侵檢測技術是一種主動保護自己以免受黑客攻擊的新型網路安全技術。它通過對計算機網路或計算機系統中的若幹關鍵點進行監測並對其進行分析，從中判斷網路或系統中是否有違反安全策略的行為和被攻擊的跡象[120-121]。入侵檢測被認為是防火牆之後的第二道安全閘門，在不影響網路性能的情況下對網路進行監測，從而提供對內部攻擊、外部攻擊和誤操作的即時監控，能使在入侵攻擊對系統發生危害前，檢測到入侵攻擊，並利用報警與防護系統驅逐入侵攻擊，從而減少入侵攻擊所造成的損失。

IDS 可以部署在網路中的任何可能存在安全隱患的網段。在這些網段中，

根據網路流量和監控數據的需求來決定部署不同型號的傳感器。IDS 工作流程如圖 2.4 所示[122-126]。

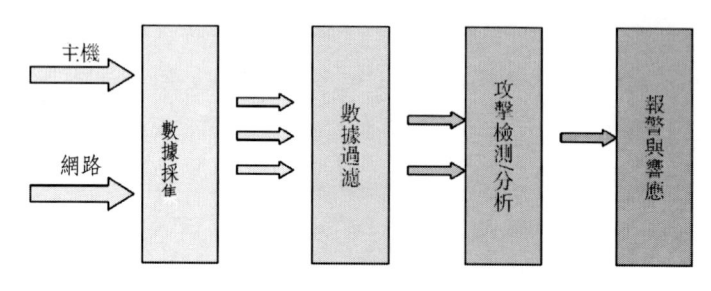

图 2.4 IDS 工作流程

数据采集：网路入侵检测系统（NIDS）或者主机入侵检测系统（HIDS）利用处于混杂模式的网卡来获得通过网路的数据，采集必要的数据用于入侵分析。

数据过滤：根据预定义的设置，进行必要的数据过滤，从而提高检测、分析的效率。

攻击检测/分析：根据定义的安全策略，即时监测并分析通过网路的所有通信业务，使用采集的网路包作为数据源进行攻击辨别，通常使用模式、表达式或字节匹配、频率或穿越阈值、事件的相关性和统计学意义上的非常规现象检测这四种技术来识别攻击。

事件报警/回应：一旦 IDS 检测到了攻击行为，IDS 的回应模块就提供多种选项以通知、报警并对攻击采取相应的反应，通常包括通知管理员、记录在数据库。

由于入侵检测系统可以从一定程度上发现防火墙策略之外的入侵行为，在实际应用中往往将二者结合起来使用。防火墙管理识别用户身分的服务和允许访问的应用程序。防火墙可以运行在网路边缘的 PC 或者服务器上，或者安装在路由器和交换机等物理网路硬件上。入侵检测系统监视接下来网路的状况、恶意软件或者可疑的行为，阻止违反网路管理员定义的规则和政策的活动。协同工作模型见图 2.5。

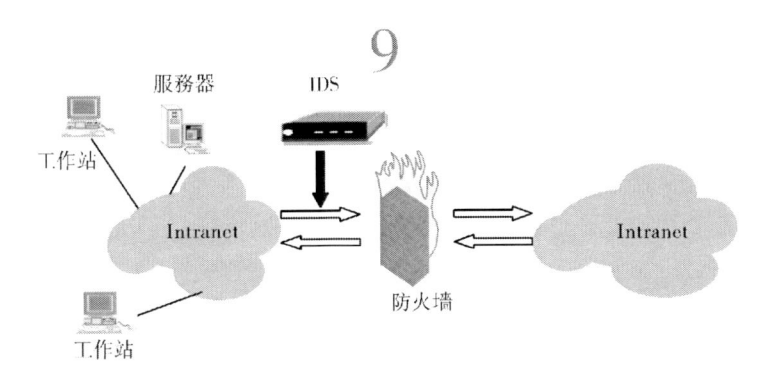

圖 2.5　協同工作模型

表 2.10　　　　　　　　　其他訊息系統安全技術

技術	描述
防病毒軟體	在主機安裝防計算機病毒軟體，很多企業通過在主機安裝防病毒軟件來掃描磁盤文件，過濾 E-mail 附件，以此發現和抑制已知或潛在的計算機病毒
加密認證技術	對訊息的存儲、傳輸引入加密、認證技術。加密技術能夠加強訊息的機密性，認證技術如證書能鑑別參與者和訊息的真偽。加密、認證的相關技術有虛擬專用網（virtual private network，VPN）
審計系統	引入審計系統，及時審計網路活動。網路安全審計系統以串聯或者旁路的方式接入網路中，它負責截取網路中的會話數據，並進行解析、重組、記錄，審計人員通過回放會話過程能及時發現網路中的未授權活動
漏洞掃描	基於漏洞數據庫，通過掃描等手段，對指定的遠程或者本地計算機系統的安全脆弱性進行檢測，發現可利用的漏洞的一種安全檢測（滲透攻擊）行為
蜜罐技術	設計蜜罐的初衷就是讓黑客入侵，借此搜集證據，同時隱藏真實的服務器地址，因此我們要求一臺合格的蜜罐擁有這些功能：發現攻擊、產生警告、強大的記錄能力、欺騙、協助調查
訪問控制	按用戶身分及其所歸屬的某項定義組來限制用戶對某些訊息項的訪問，或限制對某些控制功能的使用的一種技術，如 UniNAC 網路准入控制系統的原理就是基於此技術之上。訪問控制通常用於系統管理員控制用戶對服務器、目錄、文件等網路資源的訪問

防火牆屬於信息保障的保護環節，類似於門禁系統；而入侵檢測屬於信息保障的檢測環節，類似於監控系統。除了防火牆和入侵檢測技術外，表2.10總結了其他一些信息系統安全技術。

而轉移風險指將風險轉移到其他資產、其他過程或其他機構的風險控制方法。它可以通過重新考慮如何提供服務、修改部署模式、外包給其他機構、購買商業保險或與技術提供商簽署服務合同來實現。本書涉及的轉移風險的方式主要為信息系統安全外包和信息系統安全保險。

（1）信息系統安全外包

隨著黑客的攻擊水平不斷提高和信息系統安全事件造成的損失不斷上升，以及面對複雜的信息安全技術缺乏足夠的信息系統安全專家，大量的企業開始外包其信息系統安全管理。信息系統安全服務商（MSSP）在近年來的快速發展也為企業信息系統安全管理提供了另外的一種途徑。2001—2011年世界各地區信息系統安全外包市場的發展如圖2.6所示。雖然企業仍然可能會遭受信息系統安全風險，但是由於外包了其業務，安全服務提供商分擔了一部分風險，使企業的風險發生了轉移。

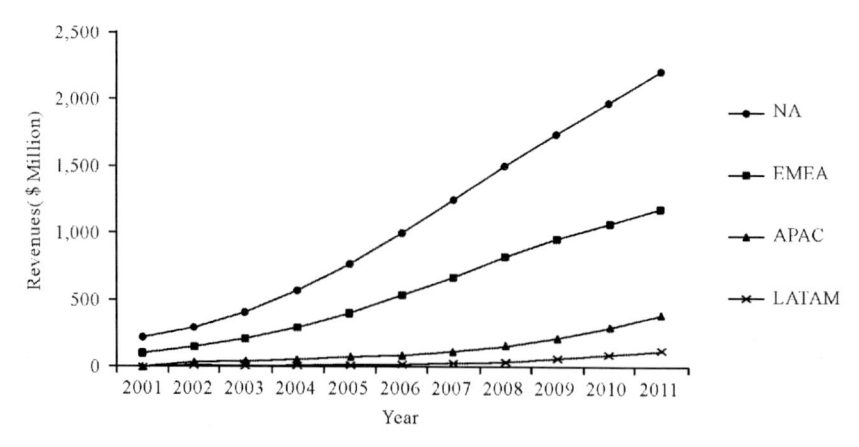

圖2.6　2001—2011年世界各地區訊息系統安全外包市場發展

數據來源：Frost & Sullivan

目前信息系統安全外包服務項目主要包括網路邊界防禦（入侵檢測、防火牆）、虛擬專用網路（VPN）、事件管理（快速反應、法律證據提供）、漏洞評估、入侵測試、殺毒、內容過濾、信息系統安全風險評估、安全審計和其他信

息系統安全顧問服務。現有著名的 MSSP 及其服務項目如表 2.11 所示。防火牆、入侵檢測系統（IDS）和虛擬專用網路（VPN）管理構成了一些最常見的安全管理服務。這些服務可以簡單，也可以複雜。例如，一個防火牆管理服務可能就是安裝和管理一個簡單的邊界防火牆，但是也可以擴大到在內部子網配置不同訪問政策，常規配置和規則集更新，以及入侵檢測、入侵回應和防火牆技術升級等方面。一個 VPN 管理服務可以提供在不同水平上以確保跨不同規模的用戶群需要的安全遠程訪問和不同的身分驗證授權的權利，企業需要指定穩定狀態（持續）和突發狀態的帶寬/吞吐量需求，包括詳細的容錯/故障轉移過程和解決服務中斷的方法。企業需要確定要求的每個特性、服務水平和能力，以滿足業務目標和保護至關重要的資產。

表 2.11　　　　　　　　著名 MSSP 及其服務項目

企業名稱	漏洞評估	防火牆管理	IDS管理	IPS管理	VPN管理	郵件管理	安全監視	應急響應	政策順從	數字證書	身份認證	顧問服務
AT&T	●	●	●	●	●	●		●				●
Cisco Systems	●										●	●
Counterpane	●	●	●	●			●	●				●
Cybertrust	●	●					●		●	●		
EDS		●					●					●
Entrust							●			●		●
IBM	●	●					●	●				
McAfee	●	●					●				●	●
Netsec	●						●	●				
Qualys	●						●					
RedSiren	●	●	●	●								
Solutionary		●			●							
Sonicwall		●		●		●						
Symantec	●	●	●	●	●	●	●					
Ubizen	●	●			●		●					
Verisign	●	●					●	●		●		

●表示可以提供的服務項目。

信息系統安全外包可以讓企業能夠專注於自己的主營業務，有利於節約企業的安全投資成本等優勢，表 2.12 總結了信息系統安全外包的優點[127-132]。

表 2.12　　　　　　　　　　　訊息系統安全外包優勢

優勢	描述
專注於主營業務	一般訊息系統安全管理並不屬於企業的核心戰略，外包後使企業脫離複雜的訊息安全技術而專注於企業的主營業務
成本	外包成本一般遠低於自己運作的成本，MSSP 能促使設備迅速投入使用，MSSP 設備的共同使用和訊息共享也能降低固定成本
績效	MSSP 能夠全天候的運作
人員	MSSP 擁有大量的專業人員，他們有熟練的技能和專業知識，每天能夠處理大量的潛在威脅
設備	因為 MSSP 自己提供設備，因此他們操作靈活，且在多個地區有特定的安全運作中心，擁有多樣化的專用型設備
客觀性和獨立性	MSSP 的運作往往不受企業操縱，能獨立處理安全問題，積極主動地完成各項實際工作
安全意識	企業很難跟蹤和解決所有的潛在的威脅和弱點以及攻擊模式和當前最佳的安全實踐。而 MSSP 往往能夠進行早期預警和漏洞修補

　　雖然信息系統安全外包有眾多優點，但是外包也會使企業面臨一些特定的風險。例如信息竊取、過於依賴、技術鎖定、MSSP 破產、隱藏成本和事件。而最為嚴重的是信息系統安全管理服務商道德風險問題。通常 MSSP 比委託企業擁有更多的關於技術配置以及安全威脅方面的信息，因此存在以下道德風險現象：配置不符合客戶背景要求的技術和設施；缺乏足夠的技術和人員投入；引誘委託企業投入過多的資金，投資高風險技術和不完善的技術等。而委託企業則存在減少項目投入資金和人力；在運作中不注重信息安全管理和人員培訓等道德風險。因此，一個企業遭受黑客入侵而產生損失的可能性在這種情形下就依賴於 MSSP 和委託企業的共同投入，當安全事件發生時由於責任機制不明確就很難進行歸因，這就會導致 MSSP 和委託企業都提供次優的投入水平。除了以上的特點，由於任何一個 MSSP 都能接觸客戶的安全狀態和漏洞信息，故

意的和疏忽大意的公開這些信息都能極大地損害客戶的利益。因此，組織是否能與信息系統安全服務商建立良好的工作和信任關係，仍是決定是否將信息系統安全服務外包的一個重要因素。同時，共享操作環境使用的許多 MSSP 服務多個客戶端，因此帶來比內部環境更多的風險。共享數據傳輸能力（如公共網路）或處理環境（比如通用的跨多個客戶服務器）可以增加組織擁有訪問信息系統安全管理服務商其他客戶敏感信息的可能性。信息系統安全外包需要組織和 MSSP 之間進行頻繁的溝通和匯報，由於組織和 MSSP 之間溝通與交流不夠頻繁而導致合作關係在任何階段都有可能失敗。

（2）信息系統安全保險

黑客能夠持續不斷地發現信息系統新的脆弱點，所以當前僅僅依靠技術手段並不能完全消除信息系統安全風險，因此如何處理剩餘風險也成為企業信息系統安全風險管理考慮的重點之一。信息系統安全風險通過保險轉移的過程如圖 2.7 所示。信息系統安全保險是一個用於針對企業信息系統安全風險，以及與更廣泛的信息技術基礎設施和活動相關的風險的保險產品。在信息系統安全風險中，任何損失無非來自於兩個因素：黑客攻擊和失敗的防禦機制。商業責任保險對於保護潛在的損失（如財產損失、工傷事故或者自然災害）是有用的，但是一般商業保險產品並沒有覆蓋信息系統安全風險。其主要原因在於網路犯罪風險的概念相對較新，大多數商業保險為有形資產提供保險，對於信息資產的保險還沒有相關經驗和理論依據。因而，保險企業必須提供特別的保險政策來使企業轉移信息安全風險。信息系統安全保險提供的保障政策可能包括自身損失投保，如數據破壞、敲詐勒索、盜竊、黑客攻擊、拒絕服務攻擊；責任保險賠償，用於企業對他人造成的損失。

信息系統安全保險通過鼓勵採用最佳安全防護增加信息安全。保險企業一般首先提出一定的安全級別作為投保的先決條件，採用更好的安全性和更大安全投入的企業經常受到降低保險費率的優惠政策，進而促進對信息系統安全更多的投資，從而有效地改善信息系統安全。

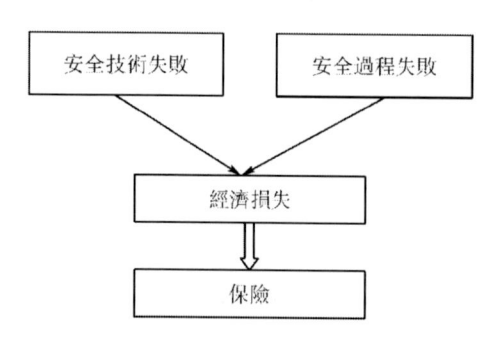

```
┌──────────────┐      ┌──────────────┐
│  安全技術失敗  │      │  安全過程失敗  │
└──────┬───────┘      └──────┬───────┘
       └──────────┬──────────┘
                  ▼
            ┌──────────┐
            │  經濟損失  │
            └─────┬────┘
                  ▼
              ┌──────┐
              │  保險  │
              └──────┘
```

圖 2.7　通過保險轉移訊息系統安全風險

儘管信息系統安全保險具有自身的優勢，信息系統安全保險市場的發展也遇到了很多問題[133-137]。第一，保險企業都害怕「網路颶風」，即由於單一的安全事件導致企業出現大量的索賠。「網路颶風」是指一個不確定的風險導致的非常大的損失，保險企業對此很難做出有效的計劃和決策。因為企業信息系統的相互依存和軟件標準化，導致企業往往同時受到損失，從而造成大範圍的索賠發生。這種對於「網路颶風」的恐懼會增加自然保費，因為保險企業專注於預期損失最壞的估計以便他們能保持承保盈利能力。此外，「網路颶風」提高了保險市場的准入門檻，因為保險企業必須保有足夠的現金儲備以應對「網路颶風」的發生，這使一般企業由於沒有足夠的資金而難以進入這個行業。第二，因為信息系統安全保險是一個相對較新的領域，保險公司缺乏精算數據來計算保險費。缺乏數據將導致保險公司在評估一個特定的保險風險方面出現嚴重的偏離。缺乏數據也使得信息系統安全保險業難以有新的公司進入，從而容易出現壟斷公司，增加信息系統安全保險的價格。

企業控制信息安全風險的方法之一是首先投資安全技術，然后購買管理剩餘風險的保險[34]。

2.2　信息系統安全投資策略及風險管理決策過程

信息系統安全決策過程的具體步驟：首先考慮信息系統的脆弱性和面對的

威脅，對信息系統安全風險進行評估，主要包括識別風險、評估風險；接著在經濟性和安全性的條件下，考慮相應的信息系統安全投資策略，主要包括風險降低、風險轉移和風險接受等方式，其中風險降低可以通過自建信息系統安全和信息系統安全外包來實現，而轉移風險包括信息系統安全保險、信息系統安全外包、使軟件提供商和客戶承擔部分風險等方式。有一點要說明的是信息系統安全外包既能降低風險也能轉移風險。

同時，信息系統不是孤立存在的，信息系統與外部環境廣泛聯繫，為此信息系統安全投資決策必須綜合考慮各種內外部因素，主要包括關聯企業的投資策略、黑客採用的攻擊方式和技術、企業所處的市場的競爭程度和競爭方式、政府管制和激勵機制、當前的信息安全水平、企業遭受黑客攻擊事件後資本市場的反應等方面。接下來，將分別說明信息系統安全風險管理和投資決策過程中的各個環節的主要內容。如圖2.8所示。

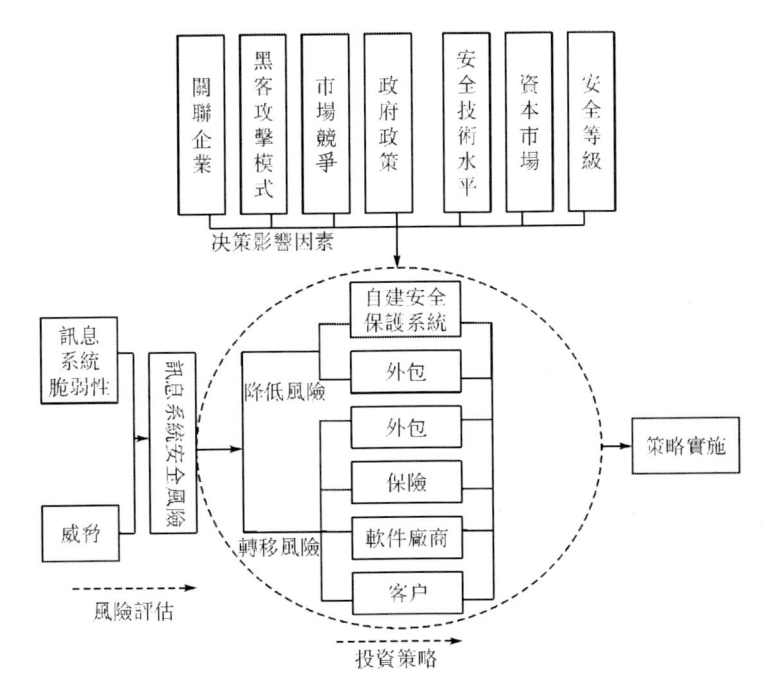

圖2.8　訊息系統安全風險管理和投資決策過程

2.2.1 信息系統安全風險評估

根據國信辦2006年5號文件：信息安全風險評估，是從風險管理角度，運用科學的方法和手段，系統地分析網路與信息系統所面臨的威脅及其存在的脆弱性，評估安全事件一旦發生可能造成的危害程度，提出有針對性的抵禦威脅的防護對策和整改措施。並為防範和化解信息安全風險，或者將風險控制在可接受的水平，從而最大限度地保障網路和信息安全提供科學依據。風險評估可以幫助企業的決策部門認清信息系統包含的重要資產、面臨的主要威脅、本身的脆弱性；幫助其認清哪些威脅出現的可能性較大，哪些脆弱性問題很嚴重，可能造成的影響較大；風險評估還為選擇安全防護措施、制定系統安全策略、構建安全體系提供充分的依據；更進一步，它還可以分析出信息系統的風險是如何隨時間的變化而變化的，將來應如何面對這些風險。

信息系統安全風險評估的目的是瞭解企業信息系統的安全所處的狀態、從而分析企業的信息系統安全需求以及建立信息安全管理體系的要求，為下一步制定信息系統安全投資策略和實施相關措施提供依據，是實現信息系統安全的必要的、重要的步驟。進行信息系統安全風險評估首先一步是進行資產識別，主要是確定企業的信息資產有哪些、每一項資產的價值或重要性。有了這些信息之後就要進行威脅和脆弱性分析。威脅分析主要是評估威脅發生的可能性。企業應該根據經驗或者相關的統計數據來判斷威脅發生的頻率或概率。評估威脅可能性時有兩個關鍵因素需要考慮：威脅源的動機（利益驅使、報復心理、玩笑等）、威脅源的能力（包括其技能、環境、機會等）。一般而言，光有威脅還構不成風險，威脅只有利用了特定的脆弱性才可能對資產造成影響，所以，企業應該針對每一項需要保護的信息資產，找到可被威脅利用的脆弱性。對企業信息系統而言，脆弱性主要分為技術性、操作性、管理性三種。評估脆弱性時需要考慮兩個因素：嚴重程度和暴露程度（Exposure），即被利用的容易程度，可用「高」「中」「低」三個等級來衡量。

在識別了威脅、弱點之后，存在什麼風險就可以顯現了。評價風險有兩個

關鍵因素，一個是威脅對信息資產造成的影響，另一個是威脅發生的可能性。評估信息系統安全風險可以使用定量化的方法來進行。目前常用的風險評估方法有基線評估、詳細評估和組合評估。

基線風險評估是指組織根據自己的實際情況（所在行業、業務環境與性質等），對信息系統進行安全基線檢查（拿現有的安全措施與安全基線規定的措施進行比較，找出其中的差距），得出基本的安全需求，通過選擇並實施標準的安全措施來消減和控制風險。所謂安全基線，是在諸多標準規範中規定的一組安全控制措施或者慣例，這些措施和慣例適用於特定環境下的所有系統，可以滿足基本的安全需求，能使系統達到一定的安全防護水平。可以參照國際標準、國家標準和行業標準，例如 BS7799-1、ISO13335-4。基線評估的優點是需要的資源少、週期短、操作簡單，對於環境相似且安全需求相當的諸多組織，基線評估顯然是最經濟有效的風險評估途徑。缺點是基線水平的高低難以設定，如果過高，可能導致資源浪費和限制過度；如果過低，可能難以達到充分的安全。此外，在管理安全相關的變化方面，基線評估比較困難。詳細風險評估要求對資產進行詳細識別和評價，對可能引起風險的威脅和弱點水平進行評估，根據風險評估的結果來識別和選擇安全措施。這種評估途徑集中體現了風險管理的思想，即識別資產的風險並將風險降低到可接受的水平，以此證明管理者所採用的安全控制措施是恰當的。詳細評估的優點是組織可以通過詳細的風險評估而對信息安全風險有一個精確的認識，並且準確定義出組織目前的安全水平和安全需求；詳細評估的結果可用來管理安全變化。缺點是資源耗費較大，包括時間、精力和技術。組合評估是採用二者結合的組合評估方式，從而在企業信息系統安全評估中經常使用。

2.2.2 信息系統安全風險控制

信息系統安全風險管理的目的就在於將企業內的安全風險控制在可以接受的範圍之內，避免因為信息系統安全事件而造成企業的嚴重損失。因此信息系統安全投資決策過程的第二個階段是決定如何控制信息系統已有的安全風險，

其牽涉到確定風險控制策略、風險和安全控制措施的優先級選定、制訂安全計劃並實施控制措施等活動。在企業選擇並實施風險評估結果中推薦的安全措施之前，首先要明確自己的風險消減策略，也就是應對各種風險的途徑和決策方式。當前主要有降低風險（Reduce Risk）、轉移風險（Transfer Risk）、接受風險（Accept Risk）等方法。

降低風險是指設法將安全事件發生的概率或后果降低到一個可以接受的臨界值，盡量防止漏洞被利用的風險控制策略。這是首選的控制策略，通過對抗威脅、排除資產中漏洞、限制對資產的訪問實現，也可以通過採用防火牆、入侵檢測等安全保護技術和措施來實現。轉移風險指將風險轉移到其他資產、其他過程或其他機構的控制方法。它可以通過重新考慮如何提供服務、修改部署模式、外包給其他機構、購買保險或與提供商簽署服務合同來實現。接受風險指企業在確定了風險等級，評估了攻擊的可能性，估計了攻擊帶來的潛在破壞，進行了成本效益分析，評估了使用每種控制可能性之后認定某項資產不值得保護，或者保護資產的成本抵不上安全措施的開銷時使用的一種策略。當應對風險而採取的對策所需要付出的代價太高，尤其是當該風險發生的概率很小時，往往採用「接受」這一措施。

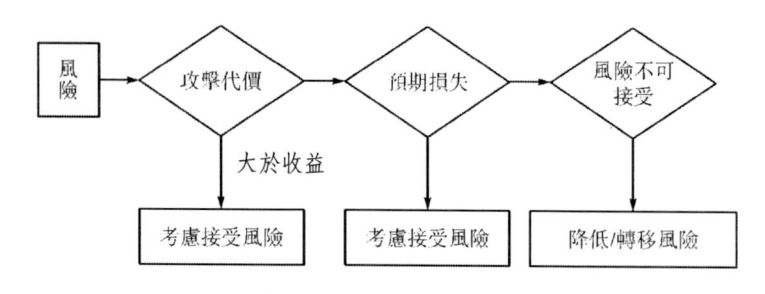

```
┌─────┐    ┌─────────┐          ┌─────────┐          ┌─────────┐
│ 風  │───▶│ 攻擊代價 │─────────▶│ 預期損失 │─────────▶│ 風險不可 │
│ 險  │    │         │          │         │          │ 接受    │
└─────┘    └─────────┘          └─────────┘          └─────────┘
                │ 大於收益            │                    │
                ▼                    ▼                    ▼
          ┌──────────┐         ┌──────────┐         ┌──────────┐
          │考慮接受風險│         │考慮接受風險│         │降低/轉移風險│
          └──────────┘         └──────────┘         └──────────┘
```

圖 2.9　訊息系統安全風險消減與行動

圖 2.9 說明了信息系統安全風險消減與行動。如果黑客攻擊企業的代價大於其所獲得的收益，對於理性的黑客而言，一般不會進行攻擊，則企業就會考慮接受風險；如果黑客攻擊代價不大，選擇攻擊，則對企業而言，如果預期損失很小，遠遠小於企業的承受能力，企業可以考慮接受風險；但是一旦風險不

可接受，企業就要採取降低風險、轉移風險的對策。

2.2.3 自建信息系統安全保護系統與外包決策

信息系統安全外包是指將企業內部的一項或者多項安全業務職能連同其相關的資產，轉移給一個外部信息安全服務提供商，由這個服務商在一段時期內按照合約的規定提供特定的安全服務。其理論是基於長期核心競爭力培養的現代戰略管理思想，即在企業內部資源有限的情況下，為取得更大的競爭優勢，僅保留其最具競爭優勢的核心資源，同時借助於外部最優秀的專業化資源予以整合，以達到降低成本、提高績效、提升企業核心競爭力和增強企業對環境應變能力的一種管理模式。因此，信息系統安全外包被看作實現資源優化配置的策略。

企業的信息安全保護系統是選擇自建的方式還是外包的方式，其具體決策步驟一般包括 5 步，如圖 2.10 所示。

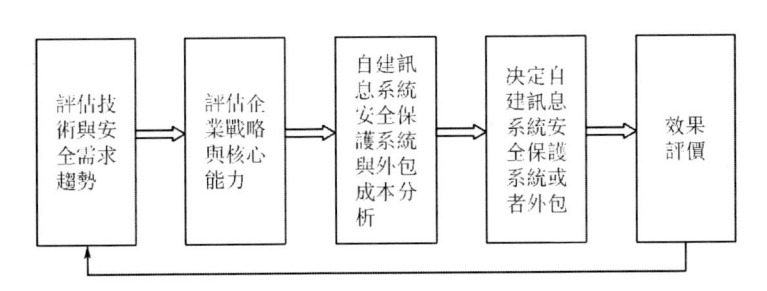

圖 2.10 自建訊息系統安全保護系統與外包的決策步驟

評估技術與安全需求主要為內外部環境分析和技術分析。內部環境主要包括企業安全制度建設以及員工的信息安全意識及職業道德等方面。信息安全歸根究柢最重要的是人，企業內部的每一個員工都有可能因為信息安全意識薄弱而給內部帶來信息安全威脅。內部員工能夠訪問和洩露機密以及客戶的個人信息，很多電子商務企業就是由於內部員工洩露了成千上萬客戶的身分信息和聯繫方式而導致企業的聲譽受到影響。內部威脅也可能來自企業的技術配置失誤、員工的偶然的誤操作，以及內部系統和軟件的漏洞。企業可以通過部署和

执行訪問控制、網路行為分析和安全意識培訓以及對系統進行安全漏洞掃描來確定相應的整改措施以加強和建立良好的內部信息系統安全防護性能和抗破壞能力。在外部環境方面，當前新技術、新應用以及新服務深刻地影響了企業信息系統外部環境，關鍵的基礎設施以及工業控制系統都有可能成為攻擊的目標，有組織的形成產業的黑客團體在信息安全上的威脅更大，有經濟目的的網路犯罪近年來日益嚴重。另外供應鏈已經成為企業在全球性業務營運體系當中的重要組成部分。供應商往往能夠共享到一系列有價值甚至是敏感性信息，這無疑導致企業信息系統安全面臨更為嚴重的風險。企業需要對業務依賴性關係做出更為明確的定性，從而更好地實現業務用例的彈性投資量化效果，最終最大程度削減意外狀況帶來的實際影響。

　　評估企業戰略與核心能力。企業戰略是用來描述一個企業實現它的使命和目標的打算和謀劃，是對企業長遠發展的全局性規劃。企業應該能夠連續不斷地註視內部和外部的變化，以便必要時做出調整。信息系統安全戰略是企業為了實現信息系統的長遠目標，而採取的保障信息系統安全運行的總體計劃和實施方案。企業要根據信息系統所面臨的安全威脅和安全需求，以及信息系統安全目標，明確信息系統安全的指導思想，確定信息系統安全戰略和核心能力。從而為企業優化組合信息安全投資策略和資源配置做好指導綱領，保障信息系統安全。

　　自建信息系統安全保護系統與外包在成本等方面也是有所差異的。企業必須在仔細衡量和評估后再做出決策。自建信息系統安全保護系統需要企業在信息系統安全技術配置上進行過多的考慮，而外包則不需要企業進行這方面的考慮；在運作成本上，自建信息系統安全保護系統需要進行人員招聘、培訓、監督，並且需要對設備進行維護，而外包只要按月或者年支付費用就行了；在預算上，自建信息系統安全保護系統可能會受制於不可預見的費用，外包成本則在一開始就被固定下來了；信息安全事件發生后，自建信息系統安全保護系統的企業需自己承擔責任，而外包后責任具有不確定性。

　　企業通過對自建信息系統安全保護系統與外包的全部成本與優劣進行分析

后,下一步就是進行模式的選擇,即確定選擇自建信息系統安全保護系統還是進行外包。最后對效果進行評價,看是否達到預期的效果,並將評價結果反饋到第一個環節。

2.2.4 信息系統安全保險決策

信息系統安全保險決策的第一步仍然是對威脅和信息系統脆弱性進行評估。接著,企業必須降低信息系統安全到可接受的風險水平。每個企業有其不同的安全要求,因此在可接受的安全風險水平上,企業與企業間是不盡相同的。為了降低信息系統安全到可接受的水平,企業必須採取兩個步驟。企業需要採取的第一個步驟是投資信息安全技術來對抗實際安全事件的發生,這些技術包括防火牆技術、加密技術、防病毒軟件、訪問控制系統。然而,即使企業運行了最好的防禦或檢測技術,安全事件仍然可能會發生。因而,企業採取的第二個步驟就是購買信息系統安全保險。信息系統安全保險是一種轉移信息系統安全風險的有效工具。在這一步決策中主要是使投資在安全技術方面和信息系統安全保險方面有效分配。在一定的信息系統脆弱性水平下,高水平的信息安全技術投資將導致低水平信息系統安全保險投資水平,低水平的信息安全技術投資將導致高水平信息系統安全保險投資水平。一般而言,安全技術投資能夠降低信息安全事件發生的可能性,而信息系統安全保險則降低安全事件發生所造成的經濟損失。在權衡這兩項投資時往往需要採取成本-收益分析,從而實現最優的風險安排,使剩餘風險在可接受的水平。一旦可接受的剩餘風險水平被確定下來,企業必須採用入侵檢測工具或者其他評估工具對系統安全隨時進行評估,看是否達到預期的效果,將評價結果反饋到第一個環節。如圖2.11所示。

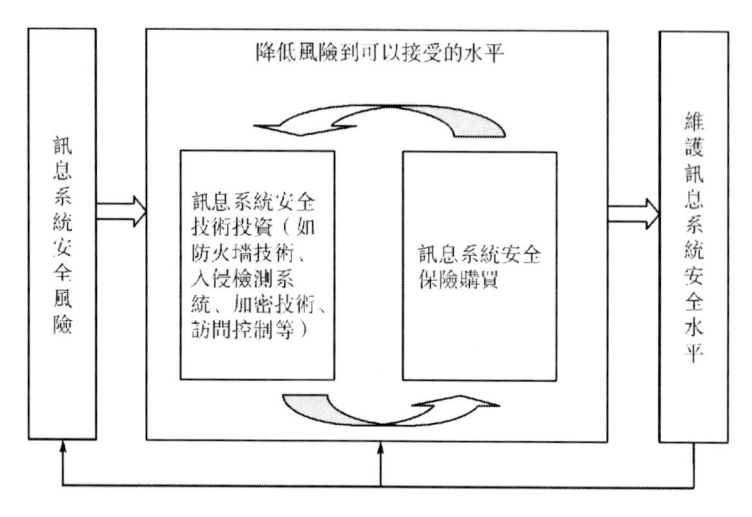

圖 2.11　訊息系統安全保險決策步驟

2.2.5　向軟件廠商和客戶轉移風險

　　根據安全公司 SECUNIA 的一份報告顯示，2014 年很多操作系統出現嚴重的安全漏洞。其中，谷歌 Chrome 瀏覽器有 504 個漏洞，Oracle Solaris 有 483 個安全漏洞，Gentoo Linux 有 350 個安全漏洞，微軟 IE 瀏覽器有 289 個安全漏洞，蘋果的 OS X 有 147 個安全漏洞，Windows 8 有 105 個安全漏洞。有學者提出：如果企業由於這些商業軟件的漏洞造成嚴重的損失，在確定損失是由商業軟件的漏洞造成的情況下，是否可以向其提出賠償，或者由軟件廠商承擔其中的部分風險。因此，如何建立基於漏洞檢測機制和損失賠償策略的協調及風險分擔機制，使軟件提供方和企業雙方實現協調共贏並分擔相應的最小風險損失，是雙方迫切需要解決的現實問題。另外，很多安全問題是客戶造成的，因此，由客戶承擔一定的風險也是情理之中的。目前信息系統質量協調及其風險分擔問題也已成為理論界和實踐界關注信息系統安全的熱點問題。在向軟件廠商和客戶轉移風險的決策中，要進行合理的信息系統安全分攤設計，通過簽訂一定的契約來進行規範化管理和控制。

2.3 信息系統安全投資決策主要影響因素

信息系統的廣泛使用顯著提升了企業在信息竊取、破壞行為和病毒攻擊方面的脆弱性，因而信息系統安全問題被企業決策者提上日程。信息系統安全投資策略及風險管理外在表現為一個企業在確定安全目標的基礎上要實現的這些安全目標的途徑和方式。然而信息系統安全投資策略及風險管理的決策涉及很多方面，一方面需要考慮企業自身的系統脆弱性水平、成本、資產價值以及關聯企業、黑客攻擊模式等因素，另一方面要考慮安全服務提供商、保險企業的契約模式以及政府激勵政策的影響。如圖2.12所示。

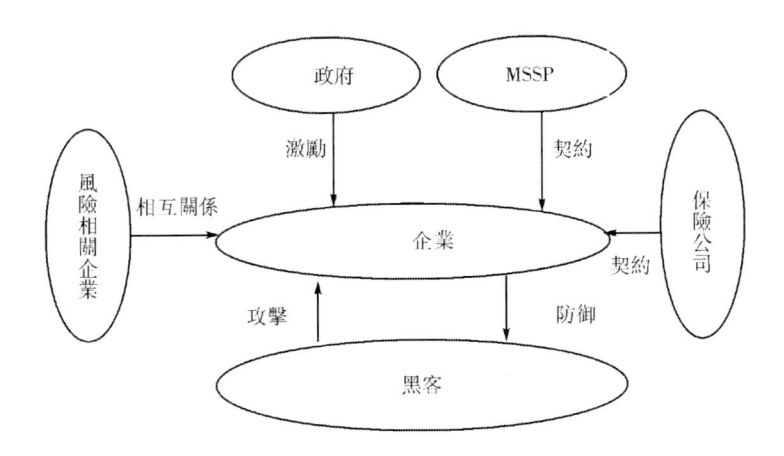

圖2.12 訊息系統安全投資決策涉及的多方利益相關者

企業間信息系統安全相互影響，這種網路外部性對企業信息安全自我防禦投資或者保險購買都會產生一定的影響，同時在這種外部性下政府可以採取一系列補貼或者稅收激勵機制促使企業投資於社會福利最大化水平；當企業選擇外包其信息安全功能時，都要面對安全服務提供商的道德風險問題，在不同的外包模式和激勵機制下，安全服務提供商的投入水平都是不一樣的，從而影響企業的信息系統安全水平；另外，企業可以通過購買信息系統安全保險來轉移

剩餘風險，然而信息系統安全保險契約的設計也會對企業的信息系統安全投資產生一定的影響。本書研究從企業信息系統安全出發，分析這些內外部因素及其對安全的影響機制，設計相應的信息系統安全投資策略及風險管理機制，通過構建相應的博弈模型，比較這些管理機制的影響和效果，為企業決策提供理論和方法支持。影響信息系統安全決策的因素有很多，例如相互依賴性風險、市場競爭、環境的動態性、外包中的不對稱信息與道德風險、保險政策與政府補貼等。下面對這幾個方面因素進行簡要分析。

2.3.1 相互依賴性風險

信息系統安全相互依賴性是指信息系統安全事件的發生具有相關性。信息系統安全相互依賴性風險是指信息系統安全事件發生具有相關性而產生的風險，可分為正相互依賴性風險和負相互依賴性風險（如圖2.13所示）。這種企業不同的相關作用在一定程度上必然影響企業之間的信息系統安全投資戰略選擇和風險管理方式。

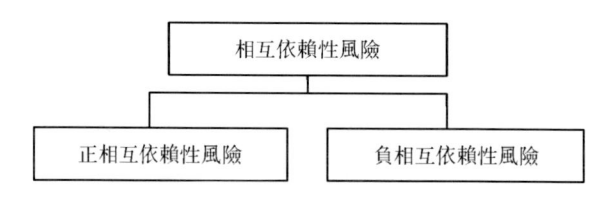

圖2.13 相互依賴性風險分類

（1）正相互依賴性

正的相互依賴性指的是相互關聯的兩個企業的信息系統安全風險作同向變化，即當一個企業信息系統安全風險比較高的時候，導致其他企業信息系統安全風險也提高。企業間的合作（橫向或縱向）是基於信息系統關聯的合作，信息系統的關聯性帶來信息系統安全上的正相互依賴性，因此正相互依賴性風險也可以稱之為關聯風險。例如隨著信息系統互聯性的提升，以及商業流程重組，使得一個企業信息系統的安全性直接影響關聯企業信息系統的安全性。一個網路供應鏈中某個企業的信息系統出現漏洞，就會置整個供應鏈於風險之

中。因為在網路供應鏈中，企業允許其聯盟企業直接通過其信任的方式來直接訪問其相關信息，這也使一個企業的安全漏洞得以影響整個供應鏈的信息安全。目前，網路供應鏈是很多企業在全球化業務營運體系當中的重要組成部分，甚至已經成為生產營運體系中的支柱與主幹。供應商往往能夠共享到企業一系列有價值甚至是敏感性信息[139-144]，而在信息處於共享狀態時，與之相關的直接控制機制也將失去效力。這無疑將導致信息在保密性、完整性以及可用性的層面面臨更為嚴重的安全風險。即使是看似無害的連接也可能充當著攻擊活動的實質性引導作用。2013 年年底美國大型零售商 Target 被曝受到黑客攻擊，導致高達 4,000 萬張信用卡和相關的個人信息在網路上曝光[145]。攻擊 Target 的犯罪分子就是利用該企業 HVAC 供應商用於提交發票信息的 WEB 服務應用程序實施惡意活動的。ISF 全球副總裁 Steve Durbin 通過研究認為，第三方供應商在未來將進一步面臨來自針對性攻擊活動的威脅壓力，而可能無法保障其所涉及數據的機密性、完整性以及可用性，各類規模的企業都需要認真考量供應商帶來負面意外狀況的可能性，其中具體涉及知識產權、客戶或員工信息、商業計劃或者談判內容等。另外企業的其他服務提供商、律師、會計師也都是潛在高風險群體，因為他們都接觸到企業的核心數據和資料。因此信息安全專家應當與負責按照合約提供服務的供應方保持更為緊密的合作關係，並從盡職性調查的角度出發對潛在的威脅進行徹底排查[146]。

正相互依賴性還可能與黑客的隨機攻擊相關。隨機攻擊是指黑客忽視攻擊目標的差異性隨機分配其攻擊資源，如病毒、蠕蟲、郵件攻擊、釣魚攻擊等。例如，計算機病毒不但本身具有破壞性，更有害的是具有傳染性，一旦病毒被複製或產生變種，其速度之快令人難以防禦[147-151]。計算機病毒會通過各種渠道從已被感染的計算機擴散到未被感染的計算機。計算機病毒可通過各種可能的渠道，如硬盤、移動硬盤、計算機網路去傳染其他的計算機和信息系統。在這種情況下，企業面對的信息系統安全風險也同樣依賴於企業自身投資和其他企業投資的共同作用。當網路中更多的企業不願意進行安全投資，黑客成功攻擊的概率就會大幅度提高。當網路中的不願投資的企業數量越來越多的時候，

由於被傳染的概率很高，每個企業都不願意投資。

(2) 負相互依賴性

負相互依賴性指的是相互關聯的兩個企業的信息系統安全風險作反向變化，即當企業信息系統安全風險比較低的時候，其他企業信息系統安全風險則提高。負相互依賴性與黑客定向攻擊有關，定向攻擊是指黑客根據收益最大化原則對不同的個人用戶、企業或者組織分配不同的攻擊資源，如拒絕服務攻擊和商業間諜攻擊。定向攻擊是目前黑客攻擊類型中最高端的攻擊模式，一般需要具備較高的相關知識水平和技能，可被認為是一種高級黑客行為。黑客從商業服務企業盜取客戶身分和信用卡信息，或潛入重要主機中的關鍵部位，或入侵企業電子信箱，有目標地搜取商業機密和技術信息。實施 APT 攻擊的黑客不會大範圍的散播病毒，他們會針對自己選擇的特定目標，進行深入的偵察分析，編寫特殊的惡意代碼，對目標發動極富針對性的定向攻擊，讓攻擊更加有效，更加精準[152]。黑客會在攻擊之前運用黑客工具（端點掃描等）對不同目標脆弱性進行比較分析，從而選擇脆弱性較高的進行攻擊。這種情況下，企業的信息系統安全投資不僅可以降低自己的風險水平，還會驅使黑客轉而攻擊其他企業，使這些企業的信息系統安全風險增加，從而產生負相互依賴性。Cremonini 和 Nizovtsev（2009）對這方面有所研究。他們分析了黑客具有攻擊目標完全信息情形下的行為特徵，研究發現當黑客具有完全信息、並且能在不同的攻擊目標之間進行選擇時，安全投資的效用會特別高，因為黑客的理性導致其會將更多的精力投入到攻擊安全級別較低的目標上。但是大部分情形下黑客對於目標的安全級別並不是完全瞭解的，因此本書考慮了信息不完全的情況——目標替代的情形，即如果一個企業的信息系統被黑客成功入侵，黑客缺乏動力去入侵另外一個企業。但是如果黑客入侵第一個企業失敗，那麼黑客會根據目標的替代率決定轉而攻擊另外一個企業的信息系統。這種情況下，單個企業的被入侵的可能性也同樣隨著其他企業信息系統脆弱性水平降低而提高。

2.3.2 市場競爭

當一個企業發生安全事件時，其損失的不但包括系統恢復成本和業務中斷

成本，而且包括流失客戶到未遭受安全事件的競爭企業去的損失。在不少行業，企業信息系統的安全性會直接影響其競爭力。例如，電子商務信息系統如果遭遇黑客網路攻擊，企業的用戶信息將會有被洩露的風險。出於信息安全方面的考慮，信息系統安全水平低的企業的消費者（用戶）可能會轉向信息系統安全水平高的企業。這樣，企業將面臨消費者流失的風險。2011年4月份日本索尼公司發生用戶信息洩露事件，約有超過1億個索尼娛樂服務的客戶資料和1,200萬個沒有加密的信用卡號碼被洩露，攻擊者通過技術手段破解了三個核心數據庫的訪問權限，將數據庫存儲的相當敏感的客戶信息成功竊取。這些信息包括姓名、住址、性別、國籍、電子郵箱地址、出生年月日、PSN和Qriocity索尼娛樂服務登錄密碼、PSN/Qriocity在線ID等信息以及一部分索尼用戶擁有的信用卡號碼等。后期索尼企業的道歉及部分優惠服務並沒有阻止其客戶大規模的流失[154]。市場競爭會影響到企業的信息系統安全投資策略的決策過程，當企業存在強有力的競爭對手時，其在信息系統安全投資上會傾向於過度投資。也有相關學者認為企業間的市場競爭可能會導致企業選擇信息系統安全外包策略。當企業沒有市場競爭時，企業選擇外包的唯一理由是信息系統安全外包服務商的服務費用低於企業自己投資的費用。但是在競爭環境下，如果企業忽略競爭因素的影響，會導致企業選擇次優的策略。市場競爭會讓企業在信息系統安全外包服務商並不具有成本優勢的情形下選擇外包，原因在於外包改變了企業間市場競爭導致的需求外部性。

2.3.3 動態環境

安全威脅也在不斷演進。APT攻擊、零日攻擊、水坑攻擊等新型的攻擊方式更加具有隱蔽性、更難判斷和更具破壞性。這些新出現的攻擊讓企業防不勝防，傳統的被動防禦策略對此束手無策。但是機遇與挑戰同在，各種新技術、新應用、新模式給信息安全產業帶來的變革效應已經顯現，特別是大數據分析拓展了信息安全產業的視野，帶來了新的觀察視角，被認為是信息安全解決方案變得更加智能的關鍵所在。可信賴計算技術、網路隔離技術改變了網路架

構，安全產品和解決方案的部署模式、安全技術未來也將隨之被顛覆。此外，隨著雲計算逐漸普及和應用落地，信息安全產業的商業模式也發生了變革，各種安全服務逐漸走上雲端[155]。因此企業和黑客分別可以通過新興信息技術隨時間快速獲取或更新防禦和攻擊措施，所以企業在制定信息系統安全風險管理策略時需要充分考慮時間維度，需要考慮企業和黑客所處網路環境隨時間的動態變化。與靜態博弈的均衡不同，微分博弈強調均衡解隨時間變化情況。企業和黑客之間的策略交互是一種典型的攻防博弈，求解時間維度下企業信息系統安全風險管理策略需要借助微分博弈模型。考慮網路環境的動態變化，以技術和經濟視角解決信息系統安全風險問題是一個嶄新的研究領域，有許多問題亟待解決。用加入時間維度的微分博弈模型分析企業的信息系統安全投資策略，更能體現鑒於信息系統安全的背景環境動態變化的特點，因而更加貼近現實情況。總之，企業選擇投資策略時，必須根據動態環境的變化而不斷調整，要充分考慮到信息系統脆弱性的動態變化以及新技術和黑客學習能力等因素的影響。

2.3.4 不對稱信息與道德風險

信息系統安全外包當前被廣泛應用，既具有一般外包的特點，又具有其獨特的方面。比如說，MSSP 在硬件和人員投入上，委託方（組織或者企業）是可以觀察的。但是由於信息不對稱問題的存在，信息系統安全管理服務商的投入程度對企業來說是不可以觀察和監督的，或者說是不能完全觀察或者監督到的，因此對 MSSP 的投入程度的衡量一般只能通過最后產出來進行推斷。因此 MSSP 有可能在其本身的效用最大化前提下，降低自身的投入水平，以消減其運作成本，這是屬於經典的道德風險問題[156-158]。在這一點上，和其他的外包（如信息技術外包[159-161]）有著共同的地方。和其他的外包有所差別的是，不管是組織還是 MSSP 都不能完美地觀察信息安全投入的績效，很難在事前和事后來評估這些服務。一方面因為信息系統安全投入的產出具有一定的隨機性。另一方面，因為對信息系統安全事件來說，一些安全事件雙方都能觀察到，一些安全事件雙方都不能觀察到，一些安全事件只能單方面觀察到。另外的一個

特徵是事件發生後責任難以明確，這主要是因為合同的不完備，還有企業內部洩密或者信息系統安全管理服務商消除證據，再或者黑客入侵後能夠消除證據。這些因素就造成了信息系統安全提供商的績效難以準確地考察和衡量，以及難以在此基礎上進行獎懲和激勵。不對稱信息和道德風險主要影響企業的信息系統安全保險決策和信息系統安全外包決策。當企業的信息系統安全遭受的損失不可證實的時候，企業會增加自我防禦投資而減少保險的購買；而當企業的自我防禦投資及信息系統安全水平不能被保險公司證實的時候，保險公司也會增加保費，從而也導致企業減少信息系統安全保險的購買。道德風險表現在兩個方面：一是企業自己減少投資，二是保險公司和信息系統安全服務商的減少賠償或者降低投入等行為。在進行信息系統安全保險和信息系統安全外包時必須充分考慮不對稱信息和道德風險的影響，從而通過設計合理的契約模式來規避這方面的風險。

2.3.5 保險政策與政府補貼

有時候保險企業通過信息系統安全保險契約設計向客戶轉移適當的自我保護責任，例如：含有免賠額的保險、保險差別定價，從而促使整個網路更加安全。這裡自我保護指的是信息安全主體通過技術措施（防火牆技術、加密技術、VPN、反病毒軟件等）來確保其信息系統安全。含有免賠額的保險，是指被保險人要自己承擔一定的損失額度。保險差別定價的根據是按照不同的價格，直接把同種保險產品賣給不同的投資人，保險企業可以通過對自我防禦投資大於一個臨界值的企業適當地降低保險價格、對達不到安全標準的企業提高保險價格或者強制要求企業達到一定的安全水平等激勵策略促使投資於安全。由於傳染性風險的影響，企業進行信息系統安全投資的邊際私人收益小於社會整體收益，因此政府應該補貼全部或者部分企業，使邊際私人收益等於社會整體收益。政府補貼可以分為兩種：一是直接補貼，通過直接撥款支付；二是間接資助，包括稅收、技術指導等各種政策。在企業進行決策時，保險政策和政府補貼能夠改變企業的信息系統安全成本函數，從而能夠影響到企業的信息系

統安全投資策略。

2.3.6 信息系統安全等級

1983年，美國國防部頒布了歷史上第一個計算機安全評價標準（簡稱 TCSEC），1985年，美國國防部對 TCSEC 進行了修訂，將計算機系統的安全級別從高到低分為 A、B、C、D 四級，級下再分為小級。TCSEC 提供 D、C1、C2、B1、B2、B3 和 A1 等七個等級的可信系統評價標準，每個等級對應有確定的安全特性需求和保障需求，高等級的需求建立在低等級的需求的基礎之上。如表 2.13 所示。

表 2.13   TCSEC 安全等級

安全等級	名稱	功能
D	低級保護	系統已經被評估，但不滿足 A 到 C 級要求的等級，最低級安全產品
C1	自主安全保護	該級產品提供一些必須要知道的保護，用戶和數據分離
C2	受控存取保護	該級產品提供了比 C1 級更細的訪問控制，可把註冊過程、審計跟蹤和資源分配分開
B1	標記性安全保護	除了需要 C2 級的特點外，該級還要求數據標號、目標的強制性訪問控制以及正規或非正規的安全模型規範
B2	結構性保護	該級保護建立在 B1 級上，具有安全策略的形式描述，更多的自由選擇和強制性訪問控制措施，驗證機制強，並含有隱蔽通道分析。通常，B2 級相對可以防止非法訪問
B3	安全域	該級覆蓋了 B2 級的安全要求，並增加了下述內容：傳遞所有用戶行為，系統防竄改，安全特點完全是健全的和合理的。安全訊息之中不含有任何附加代碼或訊息。系統必須要提供管理支持、審計、備份和恢復方法。通常，B3 級完全能夠防止非法訪問
A1	驗證設計	A1 級與 B3 級的功能完全相同，但是 A1 級的安全特點經過了更正式的分析和驗證。通常 A1 級只適用於軍事計算機系統

中國公安部組織修訂了《計算機信息系統安全保護等級劃分標準》，於1999年9月13日由國家質量技術監督局審查通過並正式批准發布，2001年1月1日正式執行。通過對自主訪問控制等要求的滿足情況劃分計算機信息技術安全保護能力等級為五級，分別是用戶自主保護級、系統審計保護級、安全標記保護級、結構化保護級、訪問驗證保護級。如表2.14所示。

表 2.14　GB 17859—1999 中計算機訊息技術安全保護能力等級

等級 要求	用戶自主 保護級	系統審計 保護級	安全標記 保護級	結構化 保護級	訪問驗證 保護級
自主訪問控制	有	有	有	有	有
身分鑑別	有	有	有	有	有
數據完整性	有	有	有	有	有
客體重用		有	有	有	有
審計		有	有	有	有
強制訪問控制			有	有	有
標記			有	有	有
隱蔽管道分析				有	有
可信路徑				有	有
可信恢復					有

不同類型的企業的信息資產的價值是不盡相同的，每個企業都有自己適合的安全等級。一般而言，軍事機構的安全等級是最高的，金融企業的安全等級次之，信息資產的價值越大、敏感性越高，其安全等級要求就越高。所以，信息系統安全等級對安全投資策略及風險管理有著很大的影響。

2.4 本章小結

本章分析了信息系統與信息安全、信息資產價值、安全威脅、系統脆弱性的概念以及它們之間的關係；介紹了常見信息系統安全技術和組合技術配置，引入信息系統安全決策流程；最后討論了信息系統安全投資策略及風險管理決策的主要影響因素。

3 信息系統關聯企業安全投資策略分析

信息系統是支撐企業運作的基本工具，基於信息系統和信息網路的運用使得企業之間能夠有效支持信息分享和全面協作，給企業帶來了傳統模式所不具有的競爭優勢[162-163]。然而，這種廣泛的互聯性和信息分享也同時給企業信息系統安全帶來了不同類型的風險，包括互聯風險和信任風險。因此考慮企業互聯風險和信任風險下的信息安全投資策略變得很重要。

本章給出互聯風險和信任風險的含義，研究了互聯風險和信任風險對企業信息系統安全投資策略的影響。首先分別建立互聯風險和信任風險下的非合作博弈模型和合作模型，研究了兩種情形下互聯風險和信任風險對企業信息系統安全投資水平的作用。其次對合作博弈下的信息系統安全投資水平與非合作博弈下的信息系統安全投資水平進行了比較。最后研究了互聯風險和信任風險共同作用下的企業信息系統安全投資策略，討論非合作博弈和合作博弈下互聯風險和信任風險對企業信息系統安全投資水平的影響，並分析了相關變量作用的臨界條件。

3.1 問題描述

在全球化的市場環境中，專業分工越來越細化，市場中的競爭往往不再是單個企業間的競爭，而是供應鏈間的競爭，為此企業間的信息分享和合作協調

已經成為企業提升業績的有效手段之一。然而企業間信息系統的互聯在給企業帶來競爭力提升的同時，也使企業的信息系統必須面對兩方面的風險，即互聯風險和信任風險。

第一類是互聯風險。互聯風險指的是由於幾個企業信息系統能夠通過信任方式互相訪問和傳輸信息而造成病毒傳播或者黑客間接入侵的風險。例如，網路供應鏈允許其各個組成個體快速有效地訪問其他合作企業的信息系統或者分享信息，包括一系列有價值甚至是敏感性信息。但是這也不可避免地帶來了新的信息安全挑戰，提升了信息安全管理的難度，即黑客只要成功入侵網路供應鏈中的任何一個企業的信息系統，就會大大提升成功入侵其他企業信息系統的概率。因而，一個網路供應鏈中某個企業的信息系統出現漏洞，由於與之相關的直接控制機制失去效力，就會置整個供應鏈於風險之中。目前信息系統關聯方式的發展從兩方面使互聯風險更為嚴重。一方面，企業的信息系統從早期的專有網路向基於 Internet 和 Web 網站發展。早期企業使用比較簡單連接的企業資源管理（ERP），其只是在企業內部提供了一個共享的信息平臺，企業的採購、生產和財務系統被有效地整合，能夠促進企業內部工作效率的提高。但是現在網路供應鏈基於 Internet 和 Web 網站，包含大量的企業和客戶以及集成供應鏈參與廠商的計劃、庫存、能力和研發等信息以消除企業間的信息瓶頸。現在的網路主體數量和網路的規模都是傳統的專用網路無法比擬的，出現漏洞的可能且被黑客利用的概率也比傳統專用網路要大得多。另一方面，傳統企業間信息系統是單點關聯，很多企業只是利用信息系統從事一些文檔和數據處理業務。現代企業間信息系統則是多點關聯，而且包含企業大部分數據，決策支持系統、ERP 系統、電子商務系統，企業從電子文檔、採購訂單、銷售數據到企業新產品計劃等都是以標準化文件模式進行存儲和分享，一旦被黑客成功入侵就會造成很大的損失，甚至造成企業破產。企業信息系統的關聯如圖 3.1 所示。

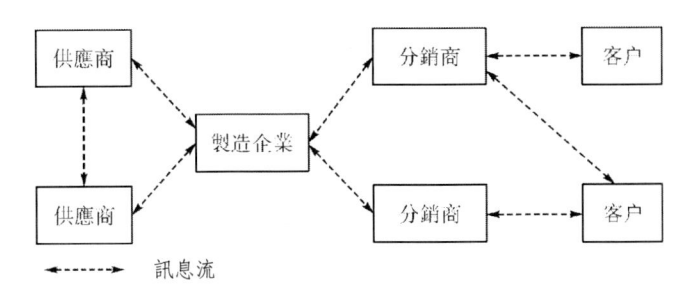

圖 3.1　企業訊息系統關聯示例

第二類是信任風險。現代企業之間的關係和更加靈活的業務架構都是基於信任體系建立的。由於企業信任體系是由個體企業組成的，其有效性也是依賴於信息系統關聯企業之間的信任關係，這個信任關係在長期合作中起著重要的作用[164-166]。但是如果在其他關聯企業信息系統處於安全狀態下，由於某個企業被黑客成功入侵而置整個企業群處於風險之中，則會給這個企業帶來信任風險，其他企業會要求被入侵企業增加安全投資，並限制其協議使用和過度特權，這些都會增加企業的成本。

因此，企業在制定信息系統安全投資策略時必須考慮互聯風險和信任風險。現有的研究主要集中於信息系統安全中的互聯風險，很少有文獻研究信任風險對關聯企業信息安全投資最優策略的影響，且缺乏數理經濟模型進行研究。因此，本書的目的是運用博弈論來研究信息系統安全投資中兩種風險的影響，並對兩種風險情況下，信息系統關聯企業的決策模式進行研究。

3.2　模型描述

本書從最簡單的模型開始，只考慮網路供應鏈中兩個企業 (i, j)，兩個企業通過一定的通信網路互聯。每個企業受到兩種可能的損失，直接損失和間接損失[44]。直接損失為黑客或者計算機病毒直接入侵造成的損失，而間接損失是指關聯企業受到入侵後，由於兩個企業信息系統信任互聯而遭到黑客相對

容易入侵或病毒傳染造成的損失。因此可以看出，如果兩個企業之間沒有互聯則不存在間接損失（如圖3.2所示）。為了保護自己的信息系統安全，企業有必要通過投資信息安全技術來降低黑客成功入侵的概率，以期減少企業的損失。這裡標記企業 i 遭受直接損失的概率為 $p_i(z_i)$，其中 z_i 為企業 i 信息系統安全投資水平。我們假設 $p_i(z_i)$ 為二階可微的，遞減的凸函數，即 $p'_i(z_i) < 0$，$p''_i(z_i) > 0$。這說明每個企業遭受直接損失的概率隨著信息系統安全投資的增加而減少，但是其效果是邊際遞減的。一個企業遭受黑客成功入侵而通過互聯入侵另外一個企業的概率為 q，代表互聯風險。

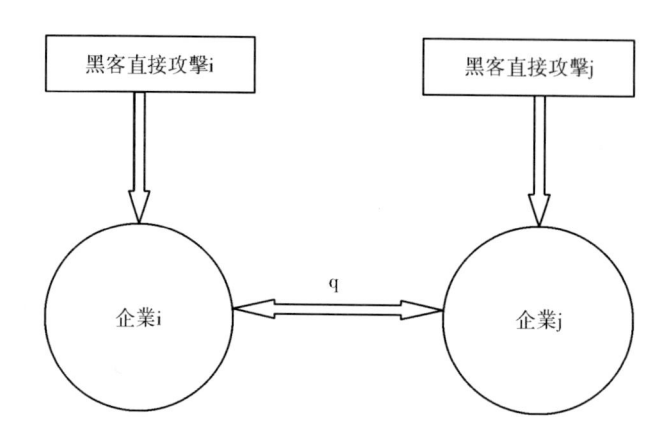

圖 3.2　黑客直接入侵和間接入侵

因此根據 Heal 和 Kunreuther（2003）的研究，同樣假設企業 i 被黑客成功入侵的總概率 B_i 依賴於兩種因素：企業 i 信息系統安全投入水平 z_i，為企業 i 可控的因素；企業 j 信息系統安全投入水平 z_j，為企業 j 可控的因素。因此 B_i 可以定義為如下形式：

$$B_i(z_i, z_j) = p(z_i) + (1 - p(z_i))qp(z_j) = 1 - (1 - p(z_i))(1 - qp(z_j)) \qquad (3.1)$$

公式（1）中 $(1 - p(z_i))(1 - qp(z_j))$ 是企業 i 既不受到直接入侵也不受到間接入侵的概率。

$B_i(z_i, z_j)$ 具有如下性質：

$$\left|\frac{\partial B_i}{\partial z_i}\right| = p'(z_i)(1 - qp(z_j)) < 0$$

$$\left|\frac{\partial B_i}{\partial z_j}\right| = p'(z_j)(1 - p(z_i)) < 0 \qquad (3.2)$$

$$\left|\frac{\partial B_i}{\partial q}\right| = p(z_j)(1 - p(z_i)) > 0$$

這三個不等式表明互聯風險增大會增大每個企業遭受損失的概率，增加一個企業的信息系統安全投資水平能夠降低其他企業遭受損失的概率。

如果企業 i 遭受到了黑客的直接入侵而企業 j 沒有遭受到直接入侵，則企業 j 遭受另外的損失 $u[p(z_i)(1-p(z_j))]$，u 代表信任風險的影響，損失的程度可能與產品或者服務的可替代性有關。L 表示企業信息系統被黑客成功入侵後所遭受的直接經濟損失。

3.3 互聯風險下信息系統安全投資策略

互聯風險下，企業 i 和企業 j 的期望成本分別表示為如下：

$$\min_{z_i} h_i(z_i) = [1 - (1 - p(z_i))(1 - qp(z_j))]L + z_i \qquad (3.3)$$

$$\min_{z_j} h_j(z_j) = [1 - (1 - p(z_j))(1 - qp(z_i))]L + z_j \qquad (3.4)$$

在接下來的一節，本書將分析互聯風險下非合作博弈情形和社會最優情形下的企業的信息系統安全均衡投資水平，並進行比較研究。

3.3.1 非合作博弈情形

在非合作博弈情形下，假設兩個企業在信息系統安全投資水平上不能達成任何協議，因此最終結果是個純策略納什均衡。因為兩個企業的目的是最小化自己的成本，因此它們的個體最優目標和社會最優目標是不一致的。企業 i 的期望成本是

$$h_i(z_i) = [1 - (1 - p(z_i))(1 - qp(z_j))]L + z_i \qquad (3.5)$$

一階條件為 $p'(z_i)(1 - qp(z_j))L + u[p'(z_i)(1 - p(z_j))] + 1 = 0$ (3.6)

進一步簡化得到,$p'(z_i)[(1 - qp(z_j))L + 1 = 0$ (3.7)

得到一個對稱解:$z_i = z_j = z_D$。以下我們指定 z_D 作為非合作博弈情形下信息系統安全最優投資水平。隨後分析 q 對 z_i 和 z_j 的影響。

定理3.1 在非合作博弈情形下,企業進行相等的投資,企業的信息系統安全投資水平隨互聯風險的增大而降低。

證明:首先令 $K = p'(z_i)(1 - qp(z_j))L + 1$。

得到如下的比較靜態結果,

$$\frac{\mathrm{d}z_i}{\mathrm{d}q} = -\frac{\partial K/\partial q}{\partial K/\partial z_i} = -\frac{-p'(z_i)p(z_j)L}{p''(z_i)[(1 - qp(z_j))L + (1 - p(z_j))u]} < 0 \qquad (3.8)$$

定理3.1揭示了互聯風險對企業信息系統安全投資激勵的不利衝擊。這個結論和公共產品相關研究裡的「搭便車」有相似的地方。Varian(2002)分析了多企業信息系統在私人提供公共產品情形下的信息系統安全投資水平,並提出了搭便車行為的影響[167]。Heal 和 Kunreuther(2003)研究顯示在正的相互依賴下所有企業要不都投資於信息系統安全,要不就都不進行投資[44]。這種正的相互依賴性導致企業在信息系統安全投資時會忽略其他企業的邊際外部成本或收益,使企業信息系統安全投資水平降低。企業信息系統互聯恰恰導致信息系統安全正的相互依賴性,從而對信息系統安全投資產生不利的影響,降低投資水平。

3.3.2 社會最優投資水平

如果兩個企業在信息系統安全投資上能夠達成協議,也就是說它們能聯合決定投資水平 z_i, z_j,那麼在這種情形下,$z_i = z_j = z_c$。兩個企業組成的聯盟通過選擇最優投資水平 z_i, z_j 決定全局期望成本最小化 $H(z_i, z_j) = h_i(z_i) + h_j(z_j)$。

現在,企業 i 的期望成本為:

$$H(z_C) = 2[1 - (1 - p(z_C))(1 - qp(z_C))]L + 2z_C \qquad (3.9)$$

其一階條件通過下式決定，

$$\frac{dH}{dz_C} = 2p'(z_C)(1 - qp(z_C))L + 2qp'(z_C)(1 - p(z_C))L + 2 = 0 \qquad (3.10)$$

進一步簡化得到，$p'(z_C)(1 - qp(z_C))L + qp'(z_C)(1 - p(z_C))L + 1 = 0$

$$(3.11)$$

定理3.2 在聯合決策情形下，一個企業的信息系統安全投資（$z_i = z_j = z_C$）並不單調地隨著 q（其他企業遭受黑客間接入侵的概率）的上升而上升，$\dfrac{dz_C}{dq}$ 的符號取決於 $1 - 2p(z_C)$ 的正負。

證明：這裡令 $M = 2p'(z_C)[(1 + q - 2qp(z_C))L] + 2$

我們得到比較靜態結果，

$$\frac{dz_C}{dq} = -\frac{\partial M/\partial q}{\partial M/\partial z_C} = -\frac{2p'(z_C)[1 - 2p(z_C)]L}{\dfrac{d^2 H}{dz_C^2}} \qquad (3.12)$$

因為 z_C 的取值使總的成本 H 最小化，可以認為 $\dfrac{d^2 H}{dz_C^2} > 0$（$\dfrac{d^2 H}{dz_C^2} > 0$ 確保企業投資的二階條件滿足，本書認為這個條件是自動成立的）。$\dfrac{dz_C}{dq}$ 的符號與 $1 - 2p(z_C)$ 的符號相同。因為 $p'(z_C) < 0$，因此如果 $p(z_C) < \dfrac{1}{2}$，則 $\dfrac{dz_C}{dq} > 0$，如果 $p(z_C) > \dfrac{1}{2}$，則 $\dfrac{dz_C}{dq} < 0$。

可以看出兩個企業分散決策的結果不能直接搬到聯合決策情形中來。在分散決策情形下，當 q 上升時，每個企業總是降低其信息系統安全投資水平以期最小化自己的損失。然而，定理3.2 說明了互聯風險對企業信息系統安全投資的影響在相對不安全情形下（也就是 $p(z_C)$ 大於 1/2）與相對安全情形下（也就是 $p(z_C)$ 小於 1/2）是不同的。在相對不安全情形下，如果互聯風險 q 上升，最優策略是降低信息系統安全投資水平。在相對安全情形下，信息系統安全投

資水平隨互聯風險 q 上升而上升。

3.3.3 均衡結果比較

比較非合作博弈情形下的最優信息系統安全投資水平與社會最優水平，可得定理 3.3。

定理 3.3 企業在非合作博弈情形下的信息系統安全投資的均衡值小於社會最優水平。

證明：企業在非合作博弈情形下的信息系統安全投資的一階條件為

$$p'(z_D)[(1-qp(z_D))L]+1=0 \tag{3.13}$$

企業在合作博弈情形下的信息系統安全投資的一階條件為

$$p'(z_C)[(1+q-2qp(z_C))L]+1=0 \tag{3.14}$$

因為 $1+q-2qp(z_C) > 1-qp(z_D)$，所以得到 $z_C > z_D$。

定理 3.3 表明與聯合決策情形下相比，在非合作博弈情形下企業的信息系統安全投資是不足的。原因是當在分散決策時，企業在考慮信息安全投資時僅僅最小化自身的成本，而不會考慮強加於其他企業頭上的正外部性影響。

3.4 信任風險下信息系統安全投資策略

信任風險下，企業 i 和企業 j 的期望成本分別表示為：

$$\min_{z_i} h_i(z_i) = p(z_i)L + u[p(z_i)(1-p(z_j))] + z_i \tag{3.15}$$

$$\min_{z_j} h_j(z_j) = p(z_j)L + u[p(z_j)(1-p(z_i))] + z_j \tag{3.16}$$

在接下來的一節，本書將分析非合作博弈情形和社會最優情形下的企業的信息系統安全均衡投資水平，並進行比較研究。

3.4.1 非合作博弈情形

在非合作博弈情形下，假設兩個企業在信息系統安全投資水平上不能達成

任何協議，因此最終結果是個純策略納什均衡。因為兩個企業的目的是最小化自己的成本，因此它們的個體最優和社會最優是不一致的。企業 i 的期望成本是

$$h_i(z_i) = p(z_i)L + u[p(z_i)(1-p(z_j))] + z_i \quad (3.17)$$

一階條件為 $p'(z_i)L + u[p'(z_i)(1-p(z_j))] + 1 = 0 \quad (3.18)$

得到一個對稱解：$z_i = z_j = z_D$。以下我們指定 z_D 作為非合作博弈情形下信息系統安全最優投資水平。隨後分析 u 對 z_i 和 z_j 的影響。

定理 3.4 在非合作博弈情形下，對稱企業進行相等的投資，當信任風險（u）上升時，企業的信息系統安全投資水平上升。

證明：對 u 的影響採用同樣的方法進行分析，$K = p'(z_i)[L + u(1-p(z_j))] + 1$

$$\frac{dz_i}{du} = -\frac{\partial K/\partial u}{\partial K/\partial z_i} = -\frac{p'(z_i)(1-p(z_j))L}{\frac{d^2 H}{dz_i^2}} > 0 \quad (3.19)$$

因為 z_i 的取值最小化總的成本 H，可以認為 $\frac{d^2 H}{dz_i^2} > 0$（$\frac{d^2 H}{dz_i^2} > 0$ 確保企業投資的二階條件滿足，本書認為這個條件是自動成立的）。

在對稱情形下，兩個企業擁有相同的資產價值。因此，當信任風險的影響提升時（u 上升），企業一定會在信息系統安全上投資更多以期獲得更高的安全水平來阻止黑客的入侵，這意味著更高水平的信任風險影響係數對兩個企業的信息系統安全投資都起到了提升作用。

3.4.2 社會最優投資水平

如果兩個企業在信息系統安全投資上能夠達成協議，也就是說它們能聯合決定投資水平 z_i，z_j，那麼在這種情形下，$z_i = z_j = z_c$。兩個企業組成的聯盟通過選擇最優投資水平 z_i，z_j 決定全局成本最小化 $H(z_i, z_j) = h_i(z_i) + h_j(z_j)$。

現在，企業 i 的期望成本為：

$$H(z_c) = 2p(z_c)L + 2u[p(z_c)(1-p(z_c))] + 2z_c \quad (3.20)$$

其一階條件通過下式決定，

$$\frac{dH}{dz_C} = 2p'(z_C)L + 2u[p'(z_C)(1-p(z_C))] - 2up(z_C)p'(z_C) + 2 = 0 \tag{3.21}$$

進一步簡化，

$$p'(z_C)L + u[p'(z_C)(1-p(z_C))] - up(z_C)p'(z_C) + 1 = 0 \tag{3.22}$$

定理3.5 在聯合決策情形下，一個企業的信息系統安全投資水平（$z_i = z_j = z_C$）並不隨 u（信任風險影響）的增加而單調上升。$\dfrac{dz_C}{du}$ 的符號與 $1 - 2p(z_C)$ 的符號相同。如果 $p(z_C) < \dfrac{1}{2}$，則 $\dfrac{dz_C}{du} > 0$；如果 $p(z_C) > \dfrac{1}{2}$，則 $\dfrac{dz_C}{du} < 0$。

證明： 令 $M = 2p'(z_C)[L + u(1 - 2p(z_C))] + 2$

則 $\dfrac{dz_C}{du} = -\dfrac{\partial M/\partial u}{\partial M/\partial z_C} = -\dfrac{2p'(z_C)(1 - 2p(z_C))L}{\dfrac{d^2 H}{dz_C^2}}$，因為 z_C 的取值最小化總的成本 H，可以認為 $\dfrac{d^2 H}{dz_C^2} > 0$（$\dfrac{d^2 H}{dz_C^2} > 0$ 確保企業投資的二階條件滿足，本書認為這個條件是自動成立的）。

3.4.3 均衡結果比較

比較非合作博弈情形下的最優信息系統安全投資水平與其在社會最優水平，可得定理3.6。

定理3.6 當信任風險存在的時候，企業在非合作博弈情形下的信息系統安全投資的均衡值大於社會最優水平。

證明： 企業在非合作博弈情形下的信息系統安全投資的一階條件為

$$p'(z_D)L + u[p'(z_D)(1-p(z_D))] + 1 = 0 \tag{3.23}$$

企業在合作博弈情形下的信息系統安全投資的一階條件為

$$p'(z_C)L + u[p'(z_C)(1-2p(z_C))] + 1 = 0 \tag{3.24}$$

因而，我們得到 $z_D > z_C$。

定理 3.6 表明與聯合決策情形下相比，當信任風險存在的時候，在非合作博弈情形下企業的信息安全投資是過剩的。因為當企業發生信息系統安全事件後，如果另外的企業沒有發生，則企業就會受到懲罰，從而遭受更大的損失。由於企業害怕這樣的結果發生，就會加大投入，導致投資過剩。這也就說明信任風險的作用與互聯風險是相反的。

3.5 兩種風險共存時的信息系統安全投資策略分析

本書 3.3 節和 3.4 節分別對兩種風險獨立存在的情形進行了分析，但是在實際中，互聯風險和信任風險都是普遍存在的，因此有必要對兩種風險共存時的信息系統安全投資策略進行分析。

兩種風險共存時企業 i 和企業 j 的期望成本分別表示為如下：

$$\min_{z_i} h_i(z_i) = [1 - (1 - p(z_i))(1 - qp(z_j))]L + u[p(z_i)(1 - p(z_j))] + z_i$$
(3.25)

$$\min_{z_j} h_j(z_j) = [1 - (1 - p(z_j))(1 - qp(z_i))]L + u[p(z_j)(1 - p(z_i))] + z_j$$
(3.26)

在接下來的一節，本書將分析非合作博弈情形和社會最優情形下的企業的信息系統安全均衡投資水平，並進行比較研究。

3.5.1 非合作博弈情形

在非合作博弈情形下，假設兩個企業在信息系統安全投資水平上不能達成任何協議，因此最終結果是純策略納什均衡。因為兩個企業的目的是最優化自己的收益，因此它們的個體最優和社會最優是不一致的。企業 i 的期望成本是

$$h_i(z_i) = [1 - (1 - p(z_i))(1 - qp(z_j))]L + u[p(z_i)(1 - p(z_j))] + z_i$$
(3.27)

一階條件為

$$p'(z_i)(1-qp(z_j))L + u[p'(z_i)(1-p(z_j))] + 1 = 0 \tag{3.28}$$

進一步簡化,

$$p'(z_i)[(1-qp(z_j))L + u(1-p(z_j))] + 1 = 0 \tag{3.29}$$

得到一個對稱解:$z_i = z_j = z_D$。以下我們指定 z_D 作為非合作博弈情形下信息系統安全最優投資水平。本書中,我們將深入探索互聯風險和信任風險對信息系統安全投資水平的影響,因此我們隨後分別闡明 q 和 u 對 z_i 和 z_j 的影響。

定理3.7 當兩種風險共存時,在非合作博弈情形下,對稱企業進行相等的投資,企業的信息系統安全投資水平隨互聯風險的增大而降低。

證明:首先令 $K = p'(z_i)[(1-qp(z_j))L + u(1-p(z_j))] + 1$ (3.30)

我們得到如下的比較靜態結果,

$$\frac{dz_i}{dq} = -\frac{\partial K/\partial q}{\partial K/\partial z_i}$$

$$= -\frac{-p'(z_i)p(z_j)L}{p''(z_i)[(1-qp(z_j))L + (1-p(z_j))u]} < 0 \tag{3.31}$$

定理3.7揭示了在兩種風險共存時,且在非合作情形下互聯風險對企業信息系統安全投資激勵仍然是不利衝擊。與定理3.1比較可以發現,在非合作情形下兩種風險共存與只有互聯風險時,互聯風險對投資策略的影響是不變的。

定理3.8 當兩種風險共存時,在非合作博弈情形下,對稱企業進行相等的投資,當信任風險影響(u)上升時,企業的信息系統安全投資水平上升。

證明:對 u 的影響採用同樣的方法進行分析,

$$\frac{dz_i}{du} = -\frac{\partial K/\partial u}{\partial K/\partial z_i}$$

$$= -\frac{p'(z_i)(1-p(z_j))L}{p''(z_i)[(1-qp(z_j))L + (1-p(z_j))u]} > 0 \tag{3.32}$$

定理3.8揭示了在兩種風險共存時,且在非合作情形下,信任風險仍然對企業信息系統安全投資起到促進作用。與定理3.4比較可以發現,在非合作情形下兩種風險共存與只有信任風險時,信任風險對投資策略的影響是不變的。

3.5.2 社會最優投資水平

如果兩個企業在信息系統安全投資上能夠達成協議,也就是說它們能聯合決定投資水平 z_i, z_j,那麼在這種情形下,$z_i = z_j = z_C$。兩個企業組成的聯盟通過選擇最優投資水平 z_i, z_j 決定全局成本最小化 $H(z_i, z_j) = h_i(z_i) + h_j(z_j)$。

現在,企業 i 的期望成本為:

$$H(z_C) = 2[1-(1-p(z_C))(1-qp(z_C))]L + 2u[p(z_C)(1-p(z_C))] + 2z_C \quad (3.33)$$

其一階條件通過下式決定,

$$\frac{\mathrm{d}H}{\mathrm{d}z_C} = 2p'(z_C)(1-qp(z_C))L + 2qp'(z_C)(1-p(z_C))L + 2u[p'(z_C)(1-p(z_C))] - 2up(z_C)p'(z_C) + 2 = 0$$

進一步簡化,

$$p'(z_C)(1-qp(z_C))L + qp'(z_C)(1-p(z_C))L + u[p'(z_C)(1-p(z_C))] - up(z_C)p'(z_C) + 1 = 0 \quad (3.34)$$

定理 3.9 當兩種風險共存時,在聯合決策情形下,一個企業的信息系統安全投資 ($z_i = z_j = z_C$) 並不單調隨著 q 的變化而變化,$\frac{\mathrm{d}z_C}{\mathrm{d}q}$ 的符號取決於 $1 - 2p(z_C)$ 的正負。

證明:這裡令

$$M = 2p'(z_C)[(1+q-2qp(z_C))L + u(1-2p(z_C))] + 2$$

我們得到比較靜態結果,

$$\frac{\mathrm{d}z_C}{\mathrm{d}q} = -\frac{\partial M/\partial q}{\partial M/\partial z_C} = -\frac{2p'(z_C)[1-2p(z_C)]L}{\dfrac{\mathrm{d}^2 H}{\mathrm{d}z_C^2}} \quad (3.35)$$

因為 z_C 的取值使總的成本 H 最小化,可以認為 $\dfrac{\mathrm{d}^2 H}{\mathrm{d}z_C^2} > 0$($\dfrac{\mathrm{d}^2 H}{\mathrm{d}z_C^2} > 0$ 確保企業投資的二階條件滿足,本書認為這個條件是自動成立的)。$\dfrac{\mathrm{d}z_C}{\mathrm{d}q}$ 的符號與 $1 -$

$2p(z_c)$ 的符號相同。因為 $p'(z_c) < 0$，因此如果 $p(z_c) < \dfrac{1}{2}$，則 $\dfrac{dz_c}{dq} > 0$，如果 $p(z_c) > \dfrac{1}{2}$，則 $\dfrac{dz_c}{dq} < 0$。

可以看出兩個企業分散決策的結果與聯合決策的結果存在明顯差異。在分散決策情形下，當 q 上升時，每個企業總是選擇一定的信息系統安全投資水平以期最小化自己的損失。然而，定理3.9說明了互聯風險對企業的信息系統安全投資的影響在相對不安全的情形下（也就是 $p(z_c)$ 大於 $1/2$）與相對安全的情形下（也就是 $p(z_c)$ 小於 $1/2$）是不同的。在相對不安全的情形下，隨著互聯風險 q 的上升，最優策略是降低信息系統安全投資水平。而在相對安全的情形下，信息系統安全投資水平隨互聯風險 q 的上升而上升。

定理3.10 當兩種風險共存時，在聯合決策情形下，一個企業的信息系統安全投資水平（$z_i = z_j = z_c$）並不隨 u 的增加而單調上升。$\dfrac{dz_c}{du}$ 的符號與 $1 - 2p(z_c)$ 的符號相同。如果 $p(z_c) < \dfrac{1}{2}$，則 $\dfrac{dz_c}{du} > 0$；如果 $p(z_c) > \dfrac{1}{2}$，則 $\dfrac{dz_c}{du} < 0$。

證明：令

$$M = 2p'(z_c)[(1 + q - 2qp(z_c))L + u(1 - 2p(z_c))] + 2$$

則 $\dfrac{dz_c}{du} = -\dfrac{\partial M/\partial u}{\partial M/\partial z_c} = -\dfrac{2p'(z_c)(1 - 2p(z_c))L}{\dfrac{d^2 H}{dz_c^2}}$ （3.36）

比較定理3.7和定理3.8，可見在非合作博弈情形中，互聯風險和信任風險對信息系統安全投資的影響是不同的。參數 q 作為互聯風險的測度，其導致信息系統安全投資不足，影響社會最優水平的實現。因此通過增加投資降低雙方被黑客成功入侵的概率可以使互聯風險最終產生的影響減小，直接有利於每個企業，這個時候雙方的決策展示正外部性。而 u 的影響直接導致負的外部

性，可以通過減少投資來削減其影響力。

然而，在聯合決策情形下，互聯風險和信任風險的影響必須被協同考慮，以確定每個企業的最優信息系統安全投資水平，本書發現 q 和 u 對信息系統安全投資的影響是同向的。

3.5.3 均衡結果比較

本節同時考慮互聯風險和信任風險情況下，對非合作博弈情形下的最優信息系統安全投資水平與社會最優信息系統安全投資水平進行比較。

定理 3.11 當信任風險的影響係數比較低時，即 $u < u_0$，企業在非合作博弈情形下的信息系統安全投資的均衡值小於社會最優水平；而當信任風險的影響係數比較高時，即 $u > u_0$，企業在非合作博弈情形下的信息系統安全投資的均衡值大於社會最優水平（這裡 $u_0 = \dfrac{qL(1-p)}{p}$）。

證明：企業在非合作博弈情形下的信息系統安全投資的一階條件為

$$p'(z_D)[(1 - qp(z_D))L + u(1 - p(z_D))] + 1 = 0 \tag{3.37}$$

企業在合作博弈情形下的信息系統安全投資的一階條件為

$$p'(z_C)[(1 + q - 2qp(z_C))L + u(1 - 2p(z_C))] + 1 = 0 \tag{3.38}$$

在 $u = u_0 = \dfrac{qL(1-p)}{p}$，$z_D$ 和 z_C 滿足同樣的一階條件，

從上面的兩個一階條件，可知，

$$\frac{\mathrm{d}z_D}{\mathrm{d}u} = -\frac{p'(z_D)(1 - p(z_D))L}{\dfrac{1}{2}\dfrac{\mathrm{d}^2 H}{\mathrm{d}z_C^2}} \tag{3.39}$$

$$\frac{\mathrm{d}z_C}{\mathrm{d}u} = -\frac{p'(z_C)(1 - 2p(z_C))L}{\dfrac{1}{2}\dfrac{\mathrm{d}^2 H}{\mathrm{d}z_C^2}} \tag{3.40}$$

當 $u = u_0$，$\dfrac{\mathrm{d}z_D}{\mathrm{d}u} > \dfrac{\mathrm{d}z_C}{\mathrm{d}u}$

因而，我們得到當 $u \geq u_0$ 時，$z_D > z_C$；當 $u < u_0$ 時，$z_D < z_C$。

定理 3.11 表明與聯合決策情形下相比，當信任風險影響比較小的時候，在非合作博弈情形下企業的信息安全投資是不足的。原因是當企業僅僅最大化自身的收益，企業在做信息系統安全投資決策時不會考慮強加於其他企業頭上的邊際成本或收益的影響，這就是外部性。而當信任風險影響比較大的時候，在非合作博弈情形下企業的信息安全投資是增大的。

3.6 數值模擬和案例分析

3.6.1 數值模擬

為了深入比較互聯風險和信任風險獨立作用情形下和共同作用情形下，它們對企業信息系統安全投資水平的影響，我們借助於數學工具 MATLAB 進行數值模擬分析。在本書數值模擬中我們僅僅研究信息系統安全風險比較小的情形，即 $p(z) < \frac{1}{2}$，這也是比較符合現實的情形。

3.6.1.1 考慮互聯風險時的數值模擬

令 $p(z) = e^{-kz}$，$k = 0.005$，$L = 1,000$。從圖 3.3 可以看出，非合作博弈下的信息系統安全投資額隨著互聯風險的增大而逐漸降低。當 $q = 0.1$ 時，企業最優信息系統安全投資額為 317.76；當 $q = 1$ 時，企業最優信息系統安全投資額減少到 257.19。互聯風險對企業信息系統安全投資的影響是負面的，因為隨著互聯風險的增大，企業進行信息系統安全投資的邊際收益是降低的，從而企業會減少這方面的投資水平。

但是在合作博弈下，隨著互聯風險的增大，企業信息系統安全投資額逐漸增加。當 $q = 0.1$ 時，最優信息系統安全投資為 333.98；當 $q = 1$ 時，企業最優信息系統安全投資額增加到 257.19。因為在合作下不存在外部性問題，企業

的投資是根據整體最優決定的，從而互聯風險增大時，企業一定會增加投資。

從圖 3.3 還可以看出隨著互聯風險的增大，非合作博弈下的信息系統安全投資額與合作下的信息系統安全投資額之間的差距逐漸變大。當互聯風險比較小時，外部性影響也很小，所以非合作博弈下的信息系統安全投資額與合作下的信息系統安全投資額之間的差距不是很明顯。但是當互聯風險變得很大時，外部性影響也會變得很大，企業「搭便車」的動機就會很明顯。

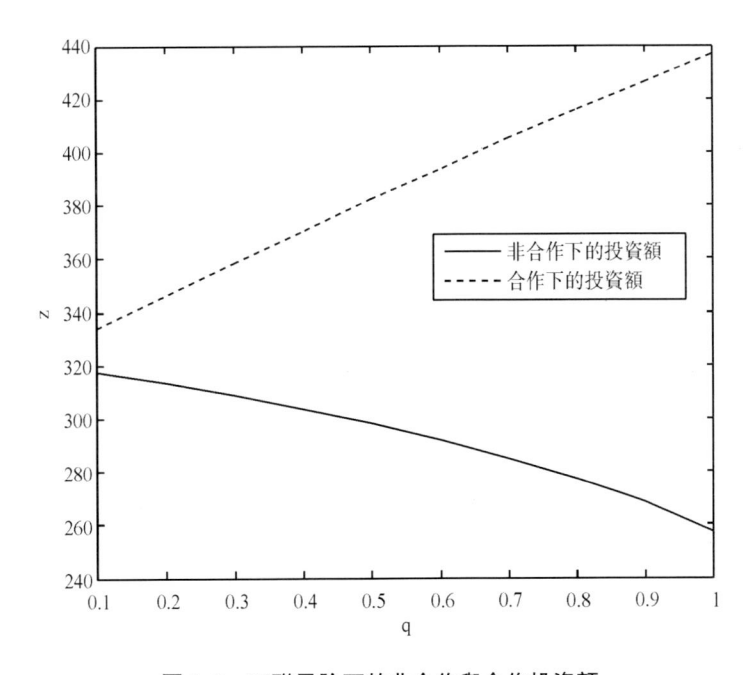

圖 3.3　互聯風險下的非合作與合作投資額

從圖 3.4 可以看出，首先隨著 q 的增大，不管是非合作博弈下還是合作博弈下，企業的信息系統安全成本總是增加的。

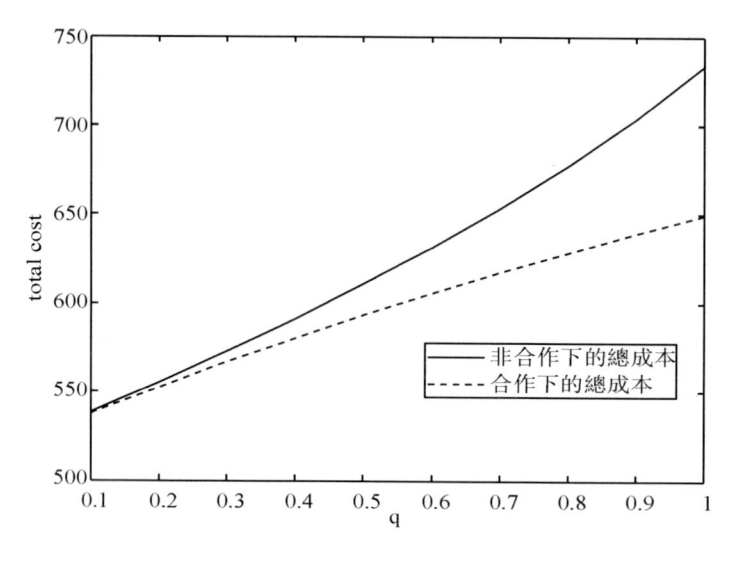

圖 3.4 互聯風險下的非合作與合作總成本

當 q 等於 0.1 時，非合作下的總成本和合作下的總成本的差距不是很明顯，但是當 q 等於 1 時，非合作下的總成本和合作下的總成本之間的差距就非常大了。這也表明當企業進行合作時，其總成本總是比非合作博弈情形下低，尤其是當 q 比較大時，合作的價值就會更加明顯地體現出來。

3.6.1.2　考慮信任風險時的數值模擬

令 $p(z) = e^{-kz}$，$k = 0.005$。

從圖 3.5 可以看出，不管是非合作博弈還是合作博弈下，信息系統安全投資額都隨著信任風險的增大而逐漸增大。當 u 取值比較小時，表明信任風險的影響比較小；而當 u 取值比較大時，表明信任風險的影響比較大。

在非合作博弈下，當 $u = 100$ 時，企業最優信息系統安全投資額為 337.56，當 $u = 1,000$ 時，企業最優信息系統安全投資額增加到 449.67。在合作博弈下，當 $u = 100$ 時最優信息系統安全投資額為 333.98，當 $u = 1,000$ 時，企業最優信息系統安全投資額增加到 436.60。此時可以看出合作下的投資額總是小於非合作下的投資額，因為信任風險導致企業之間形成競爭關係，從而導致投資過度。

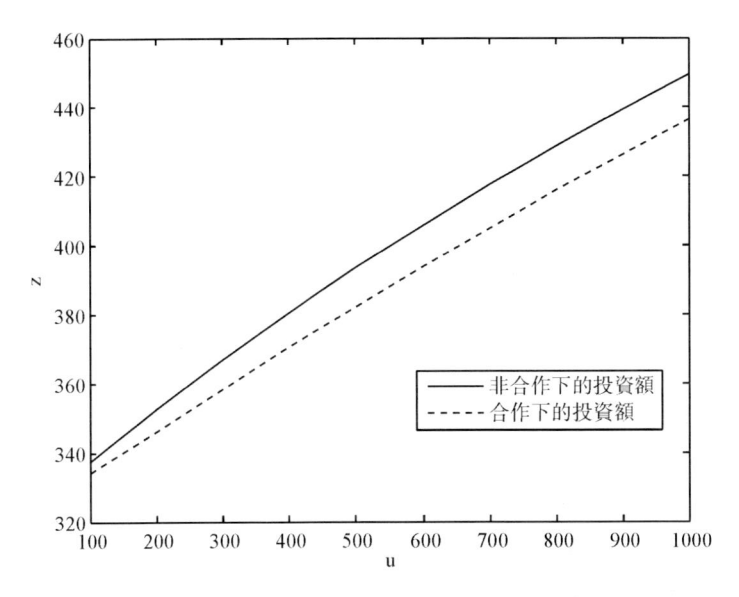

图 3.5　信任風險下的非合作與合作投資額

從圖 3.5 還可以看出隨著信任風險的增大，非合作博弈下的信息系統安全投資額與合作下的信息系統安全投資額之間的差距逐漸變大。當信任風險比較小時，其對投資的影響也很小，所以非合作博弈下的信息系統安全投資額與合作下的信息系統安全投資額之間的差距不是很明顯。但是當信任風險變得很大時，其影響也會變得很大，企業競爭的動機就會很明顯。

雖然隨著 u 的增大，不管是非合作博弈下還是合作博弈下，企業的信息系統安全成本總是增加的。但是當 u 等於 100 時，非合作下的總成本和合作下的總成本的差距不是很明顯，但是當 u 等於 1,000 時，非合作下的總成本和合作下的總成本之間的差距就非常大了。這也表明當企業進行合作時，其總成本總是比非合作博弈的情形下的低，尤其是當 u 比較大時，合作的價值就會更加明顯地體現出來。

3.6.1.3　考慮互聯風險與信任風險共存時的數值模擬

數值模擬雙重風險下的互聯風險對非合作投資與合作投資的影響。

令 $p(z) = e^{-kz}$，$k = 0.005$，$u = 500$，$L = 1,000$。

從圖 3.6 可以看出，非合作博弈下的信息系統安全投資額隨著互聯風險的

增大而逐漸降低。當 $q=0.1$ 時，企業最優信息系統安全投資額為 391.34，當 $q=1$ 時，企業最優信息系統安全投資額減少到 368.48。但是在合作博弈下，信息系統安全投資額隨著互聯風險的增大而逐漸增加。當 $q=0.1$ 時，最優信息系統安全投資為 393.76；當 $q=1$ 時，企業最優信息系統安全投資額增加到 482.38。信息系統安全投資額隨著互聯風險的增加的變化趨勢與圖 3.3 是相同的。

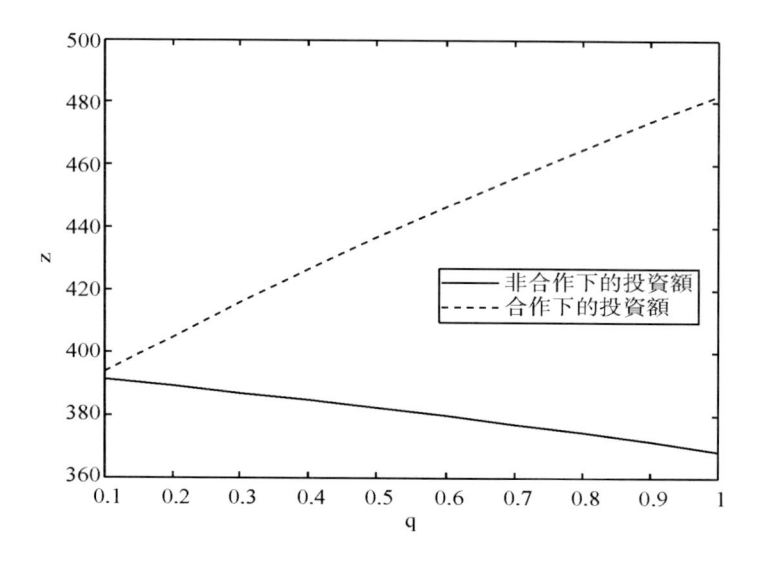

圖 3.6 互聯風險對非合作與合作投資的影響

數值模擬雙重風險下的信任風險對非合作與合作投資的影響。

令 $p(z)=e^{-kz}$，$k=0.005$，$q=0.05$，$L=1,000$。

從圖 3.7 可以看出，當信任風險增加時，不管是非合作博弈還是合作博弈下，信息系統安全投資額都是增加的。但是可以看出當 u 的數值低於一個臨界值時，非合作博弈下的均衡信息系統安全投資額小於合作博弈下的投資額；當 u 的數值高於一個臨界值時，非合作博弈下的均衡信息系統安全投資額大於合作博弈下的投資額。原因是當 u 比較小的時候，互聯風險的影響比較大，企業搭便車的動機就會顯著，但是當 u 比較大的時候，信任風險導致的競爭動機就會變得顯著，導致企業投資過度。

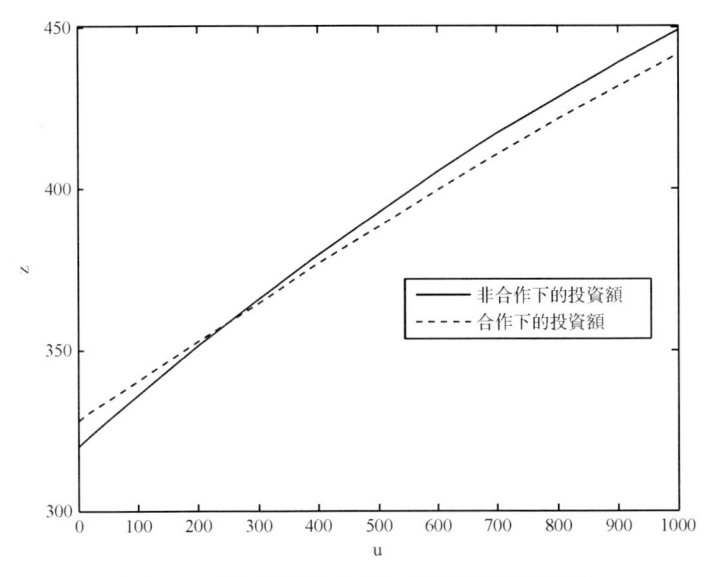

圖 3.7　信任風險對非合作與合作投資的影響

3.6.2　案例分析

接下來，舉例說明文中的定理和研究結論如何指導現實中的問題。

某企業處於電子化網路供應鏈中，電子化網路允許每個企業可以通過電子數據交換（EDI）、Internet 等技術手段快速有效地訪問其他合作企業的信息系統或者分享信息，包括一系列有價值甚至是敏感性信息。但是這增加了企業信息系統安全管理的難度，即黑客只要成功入侵網路供應鏈中的任何一個企業的信息系統，就會大大提升成功入侵該企業信息系統的概率。依據前文的研究，企業可以通過以下措施降低信息系統安全風險。

首先，通過雇傭安全審計部門估計供應商等關聯企業帶來間接損失的可能性，提前做好防範措施。信息系統安全專家應當與負責按照合約提供服務的關聯企業保持更為緊密的合作關係，並從盡職性調查的角度出發對潛在的威脅進行徹底排查。企業在做投資決策時，應該對關聯企業的信息系統安全水平進行評估，在此基礎上綜合考慮多種因素建立企業合理的信息系統安全投資策略。

通過評估，當互聯風險比較大的時候，企業間應該建立有效協調機制，以

期達到最優投資水平。對於互聯風險的度量，主要是有效地評估兩個或者多個關聯企業由於互聯而造成病毒傳播或者黑客間接入侵的風險有多大。當互聯風險比較小的時候，合作或者協調機制帶來的收益並不是很大。但是如果互聯風險達到一定高度的時候，合作或者協調機制帶來的收益就會很大，也就體現出了合作的價值，這個時候兩個企業就有必要通過一定的方式來協調信息系統安全投資。

其次，重視信任風險的影響。對信任風險進行評估，在此基礎上分析互聯風險和信任風險的影響程度，再綜合考慮互聯風險與信任風險共存時，其對信息系統安全投資策略的影響程度。

3.7 本章小結

企業間信息系統的互聯在給企業間信息共享、信息快速交互提供支持的同時，也給企業信息系統安全投資與管理帶來了挑戰。目前關於互聯風險方面的研究文獻有很多，都是假設企業信息系統面臨著直接和間接入侵威脅，認為在互聯風險下，企業在信息系統安全方面的投資額相對於社會最優投資額是不足的。這些研究對互聯風險下的合作和信息分享價值進行了分析，但是並沒有把信任風險納入企業信息系統安全投資策略決策的影響因素之中。本章運用博弈模型探討互聯風險和信任風險對關聯企業信息系統安全投資策略的影響，對比了非合作博弈下的信息系統安全投資的均衡水平。

本章的研究主要得到如下的結論：僅考慮互聯風險時，發現互聯風險往往引起企業在信息系統安全上投資不足；僅考慮信任風險時，發現信任風險導致信息系統安全投資過度。兩種風險同時考慮情況下，在合作決策時，企業的信息系統安全投資不一定隨著互聯風險或信任風險單調變化，但二者的影響以同樣的模式呈現，即同時增加或者降低。此外，相對於社會最優效率水平，互聯風險是否導致過度投資取決於信任風險的影響是否足夠大。因此當企業面對兩

種風險的時候，存在一個臨界值。信任風險系數的數值低於這個臨界值時，非合作博弈下的均衡信息安全投資額小於合作博弈下的投資額；信任風險系數的數值高於這個臨界值時，非合作博弈下的均衡信息安全投資額大於合作博弈下的投資額。

4 動態環境下考慮黑客不同攻擊模式的信息系統安全投資策略及企業間協調

企業可獲取並應用信息系統安全技術不斷發展的同時，黑客的攻擊技術也在不斷提升，所以在制定信息系統安全策略時企業需要充分考慮信息系統環境的動態變化。本章研究動態環境下考慮黑客不同攻擊模式下的企業信息系統安全投資策略問題。它共分為兩個部分，分別研究針對黑客隨機攻擊下和定向攻擊下導致的正的相互依賴風險和負的相互依賴風險的情形。首先分別討論了非合作博弈下信息系統安全投資的最優策略選擇，在此基礎上討論安全投資效率、黑客學習能力、目標替代率、黑客成功入侵給企業帶來的損失對信息系統脆弱性和最優信息系統安全投資水平的影響。其次，在推導出兩企業在合作博弈情形下最優策略選擇的基礎上，對比合作博弈和非合作博弈下的博弈均衡結果，得出兩種情形下的投資水平的大小關係，並分析差別產生的原因。最后，構建一種相互的支付激勵機制解決投資不足和投資過剩問題，從而使企業達到合作博弈下的最優投資水平，以期提高兩個企業的收益。

4.1 問題描述

黑客攻擊從技術角度可以分為木馬攻擊、漏洞攻擊、拒絕服務攻擊、IP

地址欺騙攻擊、密碼攻擊、應用層攻擊、網路監聽攻擊、后門程序攻擊、信息炸彈攻擊等多種類型。在信息安全經濟學中，為了研究方便，通常將黑客攻擊按照攻擊機理分為隨機攻擊和定向攻擊。隨機攻擊是指黑客忽視這些攻擊目標的差異性隨機分配其攻擊資源，如病毒、蠕蟲等，黑客利用其傳染性希望入侵盡可能多的潛在受害者。而定向攻擊是指黑客針對一個特定目標的信息系統進行攻擊，如拒絕服務攻擊和商業間諜攻擊。兩種不同的黑客攻擊方式對企業信息系統安全投資產生不同的影響，黑客隨機攻擊一般導致正的風險相互依賴性，黑客定向攻擊一般導致負的風險相互依賴性，因此在不同情形下如何進行信息系統安全投資決策成為一項重要的研究問題。

在黑客隨機攻擊下，一個企業的信息系統安全必然會影響其他企業的安全環境，特別是信息系統關聯企業，因為其信息系統被間接傳染的風險更大。Heal 和 Kunreuther（2003）認為這種情形下企業信息系統安全面臨著直接入侵和間接入侵的威脅，其中直接入侵可以通過企業自我信息系統安全投資來阻止，但是間接入侵是因為另外一個企業的信息系統被入侵，進而通過傳染的方式入侵本企業。這種間接入侵威脅的降低依賴於另外一個企業的信息系統安全投資。例如在因特網中，通過電子郵件、Web 頁面等進行傳播的病毒已經是屢見不鮮的事實了[168]。現有文獻大多是關於黑客隨機攻擊導致的正的風險相互依賴性方面的研究。著名學者 Hausken（2007）卻認為有時候企業這種相互依賴性是負的，一個企業提升本企業的信息系統安全投資水平能夠使黑客轉而攻擊其他企業，從而降低其他企業的防禦成功率。Bandyopadhyay et al.（2014）認為黑客能夠在資產相似企業中選擇脆弱性高的或者資產價值大的目標進行攻擊。這種企業不同的相關作用在一定程度上必然影響企業之間的信息系統安全投資戰略選擇。因此，關於黑客採取定向攻擊且攻擊目標為相互替代情形下的兩個企業信息系統安全投資策略問題的研究也是有一定現實意義的。

另外，現有的文獻都是從靜態角度分析企業的信息系統安全投資策略。靜態的分析模式假設企業對信息系統安全進行投資是一次性的。這樣，企業的信息系統安全投資僅需考慮一個固定的時期，而不需要考慮時間因素對企業信

系統安全投資的影響。然而，在現實中，企業的信息系統安全投資並不是一勞永逸的，為了獲得更大的安全性，企業必須進行連續的投資。這意味著對企業信息系統安全投資行為的研究應當置於一個動態的而不是靜態的框架下更符合現實情況。此外企業信息系統的脆弱性，黑客的學習能力等因素的影響不能很完美地通過靜態模型體現出來，導致結果與現實產生一定的差距。因此，鑒於信息系統安全的背景環境的複雜性和動態變化的特點[46]，在動態框架下研究黑客不同攻擊模式下兩個企業信息系統安全動態投資問題更加貼近現實。本書考慮的是黑客不同攻擊模式下兩個企業信息系統安全動態投資問題。通過建立微分博弈模型探討兩企業合作博弈和非合作博弈時的最優行動選擇，並進一步通過對兩種情形下的博弈均衡結果進行分析和對比，得到實現合作解的激勵機制。

4.2 黑客隨機攻擊下的信息系統安全投資策略

4.2.1 模型描述

不失一般性，本書只考慮屬於入侵目標集的兩個信息系統安全關聯的企業 (i, j)。黑客的目標是通過病毒直接入侵或者間接入侵（即通過病毒侵入其他企業，再通過企業之間的信息系統互聯而傳播）企業的信息資產以期達到一定的經濟收益[18]。如表 4.1 所示。

表 4.1　　　　　　　　　變量和參數說明

P_i, P_j	狀態變量，分別表示兩個企業訊息系統的脆弱性水平，$0 \leq P_i, P_j \leq 1$
L_i, L_j	分別表示病毒成功入侵給企業帶來的損失
q	病毒傳播給另外一個企業的概率，對企業的影響表現為互聯風險
S_i, S_j	控制變量，分別表示兩個企業訊息系統安全投資率
r	貼現率
β	投資效率參數
ρ	黑客的學習效應對企業訊息系統脆弱性的影響

為了保護企業的信息系統安全，需要通過信息系統安全投資來降低信息系統的脆弱性，從而降低病毒成功入侵的概率，以期減少企業的損失。

假設 1 這裡僅考慮黑客隨機攻擊中的利用病毒攻擊的情形，即如果一個企業的信息系統被病毒感染，病毒就會有可能傳播給其他的關聯企業。這種情況下，單個企業的全部成本依賴於其雙方的脆弱性水平和自身的安全投資。

即企業 i 的期望成本為 $C_i = (1 - (1 - P_i)(1 - qP_j))L_i + S_i$

假設 2 每個企業信息系統的脆弱性由企業信息系統安全投資量來決定，且信息系統的脆弱性是一個動態變化的過程，可以用式（4.1）所示的微分方程來表示信息系統脆弱性的變化過程：

$$\dot{P}_i = -\beta_i S_i(t) P_i + \rho, \qquad P_i(0) = a$$
$$\dot{P}_j = -\beta_j S_j(t) P_j + \rho, \qquad P_j(0) = b \qquad (4.1)$$

假設 3 為了確保系統能達到穩定狀態，假設黑客的學習效應低於信息系統安全投資的影響效應，即 $\beta S(t) > \rho$。

假設 4 根據 Bandyopadhyay et al.（2010）的研究，假設信息系統被病毒成功入侵並傳染的概率小於 1/2，即 $qP < 1/2$。

4.2.2 非合作博弈情形

非合作博弈中，兩個企業處於分散決策情形，雙方同時且獨立確定自己的最優投資策略。其均衡為反饋 Nash 均衡。

在該種情況下，兩個企業的目標函數分別為：

$$\underset{S_i(t)}{Max}\left\{\int_0^\infty (-(1-(1-P_i)(1-qP_j))L_i - S_i)e^{-rt}dt\right\} \qquad (4.2)$$

$$\underset{S_j(t)}{Max}\left\{\int_0^\infty (-(1-(1-P_j)(1-qP_i))L_j - S_j)e^{-rt}dt\right\} \qquad (4.3)$$

現值哈密爾頓函數表示企業從信息系統安全投資中取得的全部收益（包括當前的和未來的收益），根據狀態方程（4.1）和目標方程（4.2）（4.3），可以得到兩企業的哈密爾頓函數為：

$$H_i = -(1-(1-P_i)(1-qP_j))L_i - S_i + \lambda_{ii}(-\beta_i S_i(t)P_i + \rho) + \lambda_{ij}(-\beta_j S_j(t)P_j + \rho) \quad (4.4)$$

$$H_j = -(1-(1-P_j)(1-qP_i))L_j - S_j + \lambda_{ji}(-\beta_i S_i(t)P_i + \rho) + \lambda_{jj}(-\beta_j S_j(t)P_j + \rho) \quad (4.5)$$

H_i 表示 i 企業的回報,由兩部分組成:前兩項表示企業信息系統安全投資當前的回報,后兩項衡量企業信息系統安全投資的未來回報。這兩部分都受到安全投資的影響:安全投資在當前是一項成本,但是未來回報受到狀態變量 $\dot{P}_i$、$\dot{P}_j$ 變化的影響,而 $\dot{P}_i$、$\dot{P}_j$ 的變化是通過信息系統安全投資實現的。

式 (4.4) (4.5) 中的 λ_{ii}、λ_{ij}、λ_{ji}、λ_{jj} 表示伴隨變量,用以度量企業信息系統脆弱性的單位量改變對未來收益的現值影響,受以下條件控制:

$$\frac{d\lambda_{ii}}{dt} = r\lambda_{ii} - \frac{\partial H_i}{\partial P_i} = r\lambda_{ii} + (1-qP_j)L_i + \lambda_{ii}\beta_i S_i \quad (4.6)$$

$$\frac{d\lambda_{jj}}{dt} = r\lambda_{jj} - \frac{\partial H_j}{\partial P_j} = r\lambda_{jj} + (1-qP_i)L_j + \lambda_{jj}\beta_j S_j \quad (4.7)$$

$$\frac{d\lambda_{ij}}{dt} = r\lambda_{ij} - \frac{\partial H_i}{\partial P_j} = r\lambda_{ij} - (1-P_i)qL_i + \lambda_{ij}\beta_j S_j \quad (4.8)$$

$$\frac{d\lambda_{ji}}{dt} = r\lambda_{ji} - \frac{\partial H_j}{\partial P_i} = r\lambda_{ji} - (1-P_j)qL_j + \lambda_{ji}\beta_i S_i \quad (4.9)$$

從式 (4.4) (4.5) 可以看出,哈密爾頓函數對控制變量 (S_i 和 S_j) 是線性的,從而可以得出 (4.10) 式解。

$$\begin{cases} S_i: \begin{cases} 0, & \text{當} -(1+\beta_i\lambda_{ii}P_i) < 0 \\ \text{待定}, & \text{當} -(1+\beta_i\lambda_{ii}P_i) = 0 \\ S_{Max}, & \text{當} -(1+\beta_i\lambda_{ii}P_i) > 0 \end{cases} \quad S_j: \begin{cases} 0, & \text{當} -(1+\beta_j\lambda_{jj}P_j) < 0 \\ \text{待定}, & \text{當} -(1+\beta_j\lambda_{jj}P_j) = 0 \\ S_{Max}, & \text{當} -(1+\beta_j\lambda_{jj}P_j) > 0 \end{cases} \end{cases} \quad (4.10)$$

這是一個含有單奇異域的 bang-bang 解。標記奇異域的企業信息系統脆弱性為 P_i^D 和 P_j^D,信息系統安全投資水平位 S_i^D 和 S_j^D (這裡的上標 D 表示分散決策情形下)。如果企業初始信息系統脆弱性高於其奇異水平,即 $a > P_i^D$,那麼

$S_i = S_{max}$（S_{max} 代表企業信息系統安全投資率的最大可能水平），從而最快地到達最優的投資軌跡。同樣地，如果初始信息系統脆弱性低於其奇異水平，即 $a < P_i^D$，那麼 $S_i = 0$，企業停止投資以到達最優的投資軌跡。

奇異解由以下條件得到：

$$(H_A)_{S_i} = 0, \quad (\dot{H}_A)_{S_i} = \frac{\mathrm{d}(H_A)_{S_i}}{\mathrm{d}t} = 0, \quad A \in (i, j) \tag{4.11}$$

$$\frac{\mathrm{d}(H_i)_{S_i}}{\mathrm{d}t} = \beta_i P_i \frac{\mathrm{d}\lambda_{ii}}{\mathrm{d}t} + \beta_i \lambda_{ii} \frac{\mathrm{d}P_i}{\mathrm{d}t} = 0 \tag{4.12}$$

$$\frac{\mathrm{d}(H_j)_{S_j}}{\mathrm{d}t} = \beta_j P_j \frac{\mathrm{d}\lambda_{jj}}{\mathrm{d}t} + \beta_j \lambda_{jj} \frac{\mathrm{d}P_j}{\mathrm{d}t} = 0 \tag{4.13}$$

結合（4.6）至（4.13）和（4.1），我們得到

$$-r + \beta_i P_i(1 - qP_j)L_i - \frac{\rho}{P_i} = 0 \tag{4.14}$$

$$-r + \beta_j P_j(1 - qP_i)L_j - \frac{\rho}{P_j} = 0 \tag{4.15}$$

企業信息系統脆弱性的奇異值，P_i^D 和 P_j^D，是式（4.14）（4.15）解。然而，P_i^D 和 P_j^D 閉環形式的顯式解是很難求出的，因此我們主要考慮兩企業對稱情形。

在對稱情形下，$L_i = L_j = L$，$\beta_i = \beta_j = \beta$，根據 $\beta PL - q\beta P^2 L - \frac{\rho}{P} - r = 0$ 可得兩企業的均衡系統脆弱性 $P_i^D = P_j^D = P^D$。

定理 4.1 在奇異域和對稱情形下，兩個企業投資為相同的不變值，當信息系統安全投資效率（β）下降，或者傳染率（q）、黑客學習能力（ρ）上升時，信息系統脆弱性（P）上升。當黑客學習能力（ρ）上升時，信息系統安全投資率（S）上升。當 $q\beta P^3 L > \rho$ 時，信息系統安全投資效率（β）上升時，信息系統安全投資率（S）上升，反之，信息系統安全投資率（S）下降。當傳染率（q）上升時，信息系統安全投資率（S）下降。

證明：令 $K = \beta PL - q\beta P^2 L - \frac{\rho}{P} - r$。

$$\frac{\mathrm{d}P}{\mathrm{d}\beta} = -\frac{\partial K/\partial \beta}{\partial K/\partial P} = -\frac{LP - qLP^2}{\beta L - 2q\beta PL + \dfrac{\rho}{P^2}} < 0$$

$$\frac{\mathrm{d}P}{\mathrm{d}\rho} = -\frac{\partial K/\partial \rho}{\partial K/\partial P} = -\frac{-(1/P)}{\beta L - 2q\beta PL + \dfrac{\rho}{P^2}} > 0$$

$$\frac{\mathrm{d}P}{\mathrm{d}q} = -\frac{\partial K/\partial q}{\partial K/\partial P} = -\frac{-\beta P^2 L}{\beta L - 2q\beta PL + \dfrac{\rho}{P^2}} > 0$$

$$S_i = S_j = \frac{\rho}{\beta P}$$

$$\frac{\mathrm{d}S}{\mathrm{d}\rho} = \frac{\partial S}{\partial \rho} + \frac{\partial S}{\partial P} \cdot \frac{\mathrm{d}P}{\mathrm{d}\rho} = \frac{1}{\beta P}\left[1 - \frac{\rho}{P^2}\frac{1}{\beta L - 2q\beta PL + \dfrac{\rho}{P^2}}\right] > 0 \text{ （根據假設4，信息系}$$

統被病毒成功入侵並傳染的概率小於 $1/2$，即 $qP < 1/2$，可推得，$\dfrac{\mathrm{d}S}{\mathrm{d}\rho} > 0$）

$$\frac{\mathrm{d}S}{\mathrm{d}\beta} = \frac{\partial S}{\partial \beta} + \frac{\partial S}{\partial P} \cdot \frac{\mathrm{d}P}{\mathrm{d}\beta} = \frac{\rho}{\beta^2 P}\left[\frac{L - qPL}{L - 2qPL + \rho/\beta P^2} - 1\right]$$

當 $q\beta P^3 L > \rho$ 時，$\dfrac{\mathrm{d}S}{\mathrm{d}\beta} > 0$

$$\frac{\mathrm{d}S}{\mathrm{d}q} = \frac{\partial S}{\partial P} \cdot \frac{\mathrm{d}P}{\mathrm{d}q} = -\frac{\rho}{\beta P^2}\frac{\mathrm{d}P}{\mathrm{d}q} < 0 \text{ （上面已經得到 } \frac{\mathrm{d}P}{\mathrm{d}q} > 0\text{）}$$

投資效率參數（β）表明企業通過信息系統安全投資來降低信息系統脆弱性的能力。更高的信息系統安全投資效率參數（β）表示企業的信息系統安全投資有更高的效率和更高的信息系統安全投資收益。因此，投資效率參數（β）比較高的情況下，低一點的投資率也可以維持高的信息系統安全水平。但是值得注意的是，投資效率參數（β）上升，企業信息系統安全投資率（S）並不是總是上升的，只有當 $q\beta P^3 L > \rho$ 時，兩者才是正相關的。黑客學習能力（ρ）上升時，企業的反應是通過更高的投資率來維持原來的安全水平，但是由於邊際收益遞減效應的影響，會導致企業信息系統安全水平下降。作為黑客學習能力

的上升的結果，企業投資更多，但信息系統脆弱性反而更高。傳染率（q）上升，企業受到間接攻擊的可能性增大，負外部性增大，因此投資動力不足，表現為信息系統安全投資率下降。

在不對稱情形下，兩企業有不同價值的信息資產需要保護（在這裡仍然假設 $\beta_i = \beta_j = \beta$）。由式（4.14）至式（4.15）可得

$$\frac{1}{2}\beta(P_i L_i - P_j L_j) + \frac{1}{2}\theta\beta[P_i(1-P_j)L_i - P_j(1-P_i)L_j] - \rho\left(\frac{1}{P_i} - \frac{1}{P_j}\right) = 0$$

(4.16)

定理 4.2 在奇異域下，當兩個企業有相同的信息系統安全投資效率（$\beta_i = \beta_j = \beta$），資產價值高的企業信息系統脆弱性要比資產價值低的企業信息系統脆弱性低。

證明：用反證法，假設 $P_i > P_j$，$L_i > L_j$，

因為 $P_i > P_j$，$L_i > L_j$，所以 $P_i L_i - P_j L_j > 0$，$1 - P_j > 1 - P_i$，$\frac{1}{P_i} < \frac{1}{P_j}$

可以推出 $\frac{1}{2}\beta(P_i L_i - P_j L_j) + \frac{1}{2}\theta\beta[P_i(1-P_j)L_i - P_j(1-P_i)L_j] - \rho\left(\frac{1}{P_i} - \frac{1}{P_j}\right) > 0$

與式（4.16）矛盾，所以當 $L_i > L_j$ 時，$P_i < P_j$。

因為兩個企業有相同的投資效率參數，它們的每單位成本投資效率可以直接進行比較。在這種情況下，黑客成功入侵給企業帶來的損失更高的企業一定在信息系統安全防禦上投資更多。即相對於其他企業，其維持更低的信息系統脆弱性。

4.2.3 合作博弈情形

考慮在合作博弈下的信息系統安全投資率和信息系統脆弱性間的關係。雙方的目標變為通過信息系統安全投資來實現整體收益的最大化。在這裡，目標方程為：

$$\underset{S_i(t),S_j(t)}{Max} \left\{ \int_0^\infty \{[-(1-(1-P_i)(1-qP_j))L_i - S_i] + [-(1-(1-P_j)(1-qP_i))L_j - S_j]\} e^{-rt} dt \right\}$$

(4.17)

現值哈密爾頓函數為：

$$H_c = -(1-(1-P_i)(1-qP_j))L_i - S_i - (1-(1-P_j)(1-qP_i))L_j - S_j + \lambda_{ci}(-\beta_i S_i(t)P_i + \rho) + \lambda_{cj}(-\beta_j S_j(t)P_j + \rho)$$

λ_{ci}, λ_{cj} 表示伴隨變量，度量企業信息系統脆弱性的單位量 (S_i, S_j) 的改變對整體未來收益的現值影響。哈密爾頓函數對控制變量 (S_i 和 S_j) 是線性的，因此我們仍然得到一個關於 S_i, S_j 的 bang-bang 解和奇異解形式。同樣地，可以得到奇異域的兩個方程：

$$-r + \beta_i P_i(1-qP_j)L_i + q\beta_i P_i(1-P_j)L_j - \frac{\rho}{P_i} = 0 \quad (4.18)$$

$$-r + \beta_j P_j(1-qP_i)L_j + q\beta_j P_j(1-P_i)L_i - \frac{\rho}{P_j} = 0 \quad (4.19)$$

在對稱條件下，同樣可推得，

$$-r + \beta P(1-qP)L + q\beta P(1-P)L - \frac{\rho}{P} = 0 \quad (4.20)$$

定理4.3 相對於非合作博弈，在合作博弈情形下，兩對稱企業分別維持更高的信息系統安全投資率。

證明：令 $x(P) = -r + \beta P(1-qP)L - \frac{\rho}{P}$，非合作博弈和合作博弈的系統脆弱性分別為 P^D, P^C，信息系統安全投資率分別為 S^D, S^C。

則 $x(P^D) = -r + \beta P^D(1-qP^D)L - \frac{\rho}{P^D} = 0$，$x(P^C) = -q\beta P^C(1-P^C)L \leq 0$

而 $x'(P) = -2q\beta LP + \beta L + \frac{\rho}{P^2} \geq 0$

推出 $P^D \geq P^C$，進一步推出 $S^D \leq S^C$。

在非合作博弈情形下，如果企業 i 的信息系統安全投入增加，那麼病毒成功入侵企業 i 的可能性就比較小，同時從攻擊企業 i 信息系統轉而攻擊企業 j 信

息系統的概率就會減少。但是在非合作情況下，企業在進行投資時不會考慮增加投資給其他企業帶來的正外部性影響，所以相對於合作情形下，非合作情況下兩對稱企業信息系統安全投資不足。

4.2.4 協調機制

合作決策能夠使兩個企業在信息系統安全投資方面節約成本。因此，有必要通過一定的機制來激勵雙方實現合作解。一個可行的方法是通過強加一項雙邊支付機制來影響企業的信息系統安全投資水平，從而能夠解決投資不足的問題。

考慮這樣一個支付機制：企業 I 支付 $\varphi_i(P_i)$ 給企業 J，$\varphi_i(P_i)$ 是關於企業 I 信息系統脆弱性的一個函數。同樣地，企業 J 支付 $\varphi_j(P_j)$ 給企業 I，$\varphi_j(P_j)$ 是關於企業 J 信息系統脆弱性的一個函數。因此，兩個企業的目標函數可以表現為以下形式：

$$\underset{S_i(t)}{Max}\left\{\int_0^\infty (-(1-(1-P_i)(1-qP_j))L_i - S_i - \varphi_i(P_i) + \varphi_j(P_j))e^{-rt}dt\right\} \tag{4.21}$$

$$\underset{S_j(t)}{Max}\left\{\int_0^\infty (-(1-(1-P_j)(1-qP_i))L_j - S_j - \varphi_j(P_j) + \varphi_i(P_i))e^{-rt}dt\right\} \tag{4.22}$$

兩個企業的哈密爾頓函數為：

$$\begin{aligned}H_i = &-(1-(1-P_i)(1-qP_j))L_i - S_i - S_i - \varphi_i(P_i) + \varphi_j(P_j)\\&+ \lambda_{ii}(-\beta_i S_i(t)P_i + \rho) + \lambda_{ij}(-\beta_j S_j(t)P_j + \rho)\end{aligned} \tag{4.23}$$

$$\begin{aligned}H_j = &-(1-(1-P_j)(1-qP_i))L_j - S_j - \varphi_j(P_j) + \varphi_i(P_i)\\&+ \lambda_{ji}(-\beta_i S_i(t)P_i + \rho) + \lambda_{jj}(-\beta_j S_j(t)P_j + \rho)\end{aligned} \tag{4.24}$$

仍然得到一個關於 S_i, S_j 的 bang-bang 解和奇異解形式。同樣地，可以得到奇異域的兩個方程：

$$-r + \beta_i P_i(1-qP_j)L_i + \beta_i P_i \frac{\partial \varphi_i}{\partial P_i} - \frac{\rho}{P_i} = 0 \tag{4.25}$$

$$-r + \beta_j P_j (1 - qP_i) L_j + \beta_j P_j \frac{\partial \varphi_j}{\partial P_j} - \frac{\rho}{P_j} = 0 \quad (4.26)$$

在對稱情況下，$L_i = L_j = L$，$\beta_i = \beta_j = \beta$，$P_i = P_j = P$，因此方程簡化為

$$\beta P \frac{\partial \varphi}{\partial P} + \beta P (1 - qP) L - \frac{\rho}{P} - r = 0 \quad (4.27)$$

利用式（4.20），可以得到

$$\beta P \frac{\partial \varphi}{\partial P} + q\beta P (1 - P) L = 0 \quad (4.28)$$

解這個微分方程可以得到支付轉移：$\varphi(P) = \frac{1}{2} qL (1 - P)^2 + C_0$

這時候，兩個對稱企業的目標函數變為以下形式：

$$\underset{S_i(t)}{Max} \left\{ \int_0^\infty \left(-(1-(1-P_i)(1-qP_j))L - S_i - \frac{1}{2}qL(1-P_j)^2 + \frac{1}{2}qL(1-P_i)^2 \right) e^{-rt} dt \right\}$$

$$(4.29)$$

$$\underset{S_j(t)}{Max} \left\{ \int_0^\infty \left(-(1-(1-P_j)(1-qP_i))L - S_j - \frac{1}{2}qL(1-P_i)^2 + \frac{1}{2}qL(1-P_j)^2 \right) e^{-rt} dt \right\}$$

$$(4.30)$$

在非合作博弈下，新的目標函數下的均衡結果和合作下的結果是一樣的。換句話說，在應用上述激勵補償計劃后，兩個企業避免了投資不足的問題。然而，這個補償計劃的實現需要有一個雙方都認可的第三方對兩企業的信息系統安全水平進行檢查，以確保補償基於雙方企業真實的信息系統脆弱性水平。

4.3 黑客定向攻擊下的信息系統安全投資策略

4.3.1 模型描述

不失一般性，本書只考慮屬於黑客入侵目標集的兩個可以相互替代的企業（I，J）。黑客的目標是能夠入侵企業信息系統以期達到一定的經濟收益。為

了保護企業的信息系統安全，需要通過安全投資來減少信息系統的脆弱性，從而降低黑客成功入侵的概率，以期減少企業的損失。如表 4.2 所示。

表 4.2　　　　　　　　　　變量和參數說明

P_i, P_j	狀態變量，分別表示兩個企業訊息系統的脆弱性水平，$0 \leq P_i, P_j \leq 1$
L_i, L_j	分別表示黑客成功入侵給企業帶來的損失
θ	對黑客而言入侵目標的替代率
S_i, S_j	控制變量，分別表示兩個企業訊息系統安全投資率
r	貼現率
β	投資效率參數
ρ	黑客的學習效應對企業訊息系統脆弱性的影響

假設 1　主要考慮目標替代的情形，即如果一個企業的信息系統被黑客成功入侵，黑客缺乏動力去入侵另外一個企業。但是如果黑客入侵第一個企業失敗，那麼黑客根據目標的替代率決定轉而攻擊另外一個企業的信息系統。

這種情況下，單個企業的全部成本依賴於其雙方的脆弱性水平和自身的安全投資。即企業的期望成本為 $C_i = \frac{1}{2} P_i L_i + \frac{1}{2} \theta P_i (1 - P_j) L_i + S_i$

假設 2　每個企業信息系統的脆弱性由企業在信息系統的安全投資量來決定，且信息系統的脆弱性是一個動態變化的過程，可以用式（4.31）所示的微分方程來表示信息系統脆弱性的變化過程：

$$\dot{P}_i = -\beta_i S_i(t) P_i + \rho, \quad P_i(0) = a$$
$$\dot{P}_j = -\beta_j S_j(t) P_j + \rho, \quad P_j(0) = b$$
(4.31)

假設 3　為了確保系統能達到穩定狀態，假設黑客的學習效應低於信息系統安全投資的影響效應，即 $\beta S(t) > \rho$。

4.3.2 非合作博弈情形

非合作博弈中，兩個企業處於分散決策情形，雙方同時且獨立確定自己的

最優投資策略。其均衡為反饋Nash均衡。

在該種情況下，單個企業的總的成本——兩個企業的目標函數分別為：

$$\underset{S_i(t)}{Max}\left\{\int_0^\infty (-\frac{1}{2}P_iL_i - \frac{1}{2}\theta P_i(1-P_j)L_i - S_i)e^{-rt}dt\right\} \quad (4.32)$$

$$\underset{S_j(t)}{Max}\left\{\int_0^\infty (-\frac{1}{2}P_jL_j - \frac{1}{2}\theta P_j(1-P_i)L_j - S_j)e^{-rt}dt\right\} \quad (4.33)$$

現值哈密爾頓函數表示企業從信息系統安全投資中取得的全部收益（包括當前的和未來的收益），根據狀態方程（4.21）和目標方程（4.32）（4.33），可以得到兩企業的哈密爾頓函數為：

$$H_i = -\frac{1}{2}P_iL_i - \frac{1}{2}\theta P_i(1-P_j)L_i - S_i + \lambda_{ii}(-\beta_iS_i(t)P_i + \rho) + \lambda_{ij}(-\beta_jS_j(t)P_j + \rho) \quad (4.34)$$

$$H_j = -\frac{1}{2}P_jL_j - \frac{1}{2}\theta P_j(1-P_i)L_j - S_j + \lambda_{ji}(-\beta_iS_i(t)P_i + \rho) + \lambda_{jj}(-\beta_jS_j(t)P_j + \rho) \quad (4.35)$$

H_i 表示 i 企業的回報，由兩部分組成：前三項表示企業信息系統安全投資當前的回報，后兩項衡量企業信息系統安全投資的未來回報。這兩部分都受到安全投資的影響：安全投資在當前是一項成本，但是未來回報受到狀態變量 $\dot{P}_i$、$\dot{P}_j$ 變化的影響，而 $\dot{P}_i$、$\dot{P}_j$ 的變化是通過信息系統安全投資實現的。

式（4.34）（4.35）中的 λ_{ii}、λ_{ij}、λ_{ji}、λ_{jj} 表示伴隨變量，用以度量企業信息系統脆弱性的單位量改變對未來收益的現值影響，受以下條件控制[46][94]：

$$\frac{d\lambda_{ii}}{dt} = r\lambda_{ii} - \frac{\partial H_i}{\partial P_i} = r\lambda_{ii} + \frac{1}{2}L_i + \frac{1}{2}\theta(1-P_j)L_i + \lambda_{ii}\beta_iS_i \quad (4.36)$$

$$\frac{d\lambda_{jj}}{dt} = r\lambda_{jj} - \frac{\partial H_j}{\partial P_j} = r\lambda_{jj} + \frac{1}{2}L_j + \frac{1}{2}\theta(1-P_i)L_j + \lambda_{jj}\beta_jS_j \quad (4.37)$$

$$\frac{d\lambda_{ij}}{dt} = r\lambda_{ij} - \frac{\partial H_i}{\partial P_j} = r\lambda_{ij} - \frac{1}{2}\theta P_iL_i + \lambda_{ij}\beta_jS_j \quad (4.38)$$

$$\frac{d\lambda_{ji}}{dt} = r\lambda_{ji} - \frac{\partial H_j}{\partial P_i} = r\lambda_{ji} - \frac{1}{2}\theta P_j L_j + \lambda_{ji}\beta_i S_i \qquad (4.39)$$

從式（4.34）（4.35）可以看出，哈密爾頓函數對控制變量（S_i 和 S_j）是線性的，從而可以得出（4.40）式的解。

$$\begin{cases} S_i: \begin{array}{l} 0, \text{當} - (1+\beta_i\lambda_{ii}P_i) < 0 \\ 待定, \text{當} - (1+\beta_i\lambda_{ii}P_i) = 0 \\ S_{Max}, \text{當} - (1+\beta_i\lambda_{ii}P_i) > 0 \end{array} \end{cases} \begin{cases} S_j: \begin{array}{l} 0, \text{當} - (1+\beta_j\lambda_{jj}P_j) < 0 \\ 待定, \text{當} - (1+\beta_j\lambda_{jj}P_j) = 0 \\ S_{Max}, \text{當} - (1+\beta_j\lambda_{jj}P_j) > 0 \end{array} \end{cases}$$

(4.40)

這是一個含有單奇異域的 bang-bang 解。標記奇異域的企業信息系統脆弱性為 P_i^D 和 P_j^D，信息系統安全投資水平位 S_i^D 和 S_j^D（這裡的上標 D 表示是分散決策情形下）。如果企業初始信息系統脆弱性高於其奇異水平，即 $a > P_i^D$，那麼 $S_i = S_{\max}$（$S_{\max}$ 代表企業信息系統安全投資率的最大可能水平①），從而最快地到達最優的投資軌跡。同樣地，如果初始信息系統脆弱性低於其奇異水平，即 $a < P_i^D$，那麼 $S_i = 0$，企業停止投資以到達最優的投資軌跡。

根據 Anderson 和 Moore（2006）的方法，奇異解由以下條件得到：

$$(H_A)_{S_i} = 0, \quad (\dot{H}_A)_{S_i} = \frac{d(H_A)_{S_i}}{dt} = 0, \quad A \in (i, j) \qquad (4.41)$$

$$\frac{d(H_i)_{S_i}}{dt} = \beta_i P_i \frac{d\lambda_{ii}}{dt} + \beta_i \lambda_{ii} \frac{dP_i}{dt} = 0 \qquad (4.42)$$

$$\frac{d(H_j)_{S_j}}{dt} = \beta_j P_j \frac{d\lambda_{jj}}{dt} + \beta_j \lambda_{jj} \frac{dP_j}{dt} = 0 \qquad (4.43)$$

結合式（4.36）至式（4.43）和式（4.31），我們得到

$$-r + \frac{1}{2}\beta_i P_i L_i + \frac{1}{2}\theta\beta_i P_i(1-P_j)L_i - \frac{\rho}{P_i} = 0 \qquad (4.44)$$

---

① 企業在信息系統安全投資上一般是有資金投放約束的，因此我們採用 Bandyopadhyay et al.（2014）的研究方法，假定企業信息系統安全投資率存在最大可能水平。

$$-r + \frac{1}{2}\beta_j P_j L_j + \frac{1}{2}\theta\beta_j P_j(1-P_i)L_j - \frac{\rho}{P_j} = 0 \tag{4.45}$$

企業信息系統脆弱性的奇異值，P_i^D 和 P_j^D，是式（4.44）（4.45）解。然而，P_i^D 和 P_j^D 閉環形式的顯式解是很難求出的，因此我們考慮兩企業對稱情形。

在對稱情形下，$L_i = L_j = L$，$\beta_i = \beta_j = \beta$，根據 $\frac{1}{2}(1+\theta)\beta PL - \frac{1}{2}\theta\beta P^2 L - \frac{\rho}{P} - r = 0$ 可得兩企業的均衡系統脆弱性 $P_i^D = P_j^D = P^D$。

定理4.4 在奇異域和對稱情形下，兩個企業投資為相同的不變值，當信息系統安全投資效率（β）、目標的替代率（θ）下降，或者黑客學習能力（ρ）上升時，信息系統脆弱性（P）上升。當黑客學習能力（ρ）上升時，信息系統安全投資率（S）上升。當 $\theta\beta P^3 L > 2\rho$ 時，信息系統安全投資效率（β）上升時，信息系統安全投資率（S）上升，反之，信息系統安全投資率（S）下降。當目標的替代率（θ）上升時，信息系統安全投資率（S）上升。

證明：令 $K = \frac{1}{2}(1+\theta)\beta PL - \frac{1}{2}\theta\beta P^2 L - \frac{\rho}{P} - r$

$$\frac{dP}{d\beta} = -\frac{\partial K/\partial \beta}{\partial K/\partial P} = -\frac{(1/2)(1+\theta)PL - (1/2)\theta P^2 L}{(1/2)(1+\theta)\beta L - \theta\beta PL + \frac{\rho}{P^2}} < 0$$

$$\frac{dP}{d\rho} = -\frac{\partial K/\partial \rho}{\partial K/\partial P} = -\frac{-(1/P)}{(1/2)(1+\theta)\beta L - \theta\beta PL + \frac{\rho}{P^2}} > 0$$

$$\frac{dP}{d\theta} = -\frac{\partial K/\partial \theta}{\partial K/\partial P} = -\frac{(1/2)\beta PL(1-P)}{(1/2)(1+\theta)\beta L - \theta\beta PL + \frac{\rho}{P^2}} < 0$$

$$S_i = S_j = \frac{\rho}{\beta P}$$

$$\frac{dS}{d\rho} = \frac{\partial S}{\partial \rho} + \frac{\partial S}{\partial P} \cdot \frac{dP}{d\rho} = \frac{1}{\beta P}\left[\frac{(1/2)(1+\theta)\beta L - \theta\beta PL}{(1/2)(1+\theta)\beta L - \theta\beta PL + \frac{\rho}{P^2}}\right] > 0$$

$$\frac{\mathrm{d}S}{\mathrm{d}\beta} = \frac{\partial S}{\partial \beta} + \frac{\partial S}{\partial P} \cdot \frac{\mathrm{d}P}{\mathrm{d}\beta} = \frac{\rho}{\beta^2 P} \left[\frac{\frac{1}{2}\theta PL - \frac{\rho}{P^2\beta}}{\frac{1}{2}(1+\theta)L - \theta PL + (\rho/\beta P^2)} \right]$$

當 $\theta\beta P^3 L > 2\rho$ 時,$\frac{\mathrm{d}S}{\mathrm{d}\beta} > 0$

$$\frac{\mathrm{d}S}{\mathrm{d}\theta} = \frac{\partial S}{\partial P} \cdot \frac{\mathrm{d}P}{\mathrm{d}\theta} = -\frac{\rho}{\beta P^2} \frac{\mathrm{d}P}{\mathrm{d}\theta} > 0 \text{(上面已經得到}\frac{\mathrm{d}P}{\mathrm{d}\theta} < 0\text{)}$$

投資效率參數(β)表明企業通過信息系統安全投資來降低信息系統脆弱性的能力。更高的信息系統安全投資效率參數(β)表示企業的信息系統安全投資有更高的效率和更高的信息系統安全投資收益。因此,投資效率參數(β)比較高的情況下,低一點的投資率也可以維持高的信息系統安全水平。但是值得注意的是,投資效率參數(β)上升,企業信息系統安全投資率(S)並不是總是上升的,只有當$\theta\beta P^3 L > 2\rho$時,兩者才是正相關的。黑客學習能力($\rho$)上升時,企業的反應是通過更高的投資率來維持原來的安全水平,但是由於邊際收益遞減效應的影響,會導致企業信息系統安全水平下降。作為黑客學習能力的上升的結果,企業投資更多,但信息系統脆弱性反而更高。目標的替代率(θ)下降,企業受到黑客轉移攻擊的可能性降低,因此信息系統安全投資下降,信息系統脆弱性上升。

4.3.3 合作博弈情形

考慮在合作博弈下的信息系統安全投資率和信息系統脆弱性。雙方的目標變為通過信息系統安全投資來實現整體收益的最大化。在這裡,目標方程為:

$$\underset{S_i(t),S_j(t)}{Max}\left\{\int_0^\infty \left\{\left[-\frac{1}{2}P_iL_i - \frac{1}{2}\theta P_i(1-P_j)L_i - S_i\right] + \left[-\frac{1}{2}P_jL_j - \frac{1}{2}\theta P_j(1-P_i)L_j - S_j\right]\right\}e^{-rt}\mathrm{d}t\right\}$$

(4.46)

現值哈密爾頓函數為:

$$H_c = -\frac{1}{2}P_iL_i - \frac{1}{2}\theta P_i(1-P_j)L_i - S_i - \frac{1}{2}P_jL_j - \frac{1}{2}\theta P_j(1-P_i)L_j - S_j$$
$$+ \lambda_{ci}(-\beta_i S_i(t)P_i + \rho) + \lambda_{cj}(-\beta_j S_j(t)P_j + \rho)$$

λ_{ci}，λ_{cj} 表示伴隨變量，用以度量企業信息系統脆弱性的單位量 (S_i，S_j) 改變對整體未來收益的現值影響。哈密爾頓函數對控制變量 (S_i 和 S_j) 是線性的，因此我們仍然得到一個關於 S_i，S_j 的 bang-bang 解和奇異解形式。同樣地，可以得到奇異域的兩個方程：

$$-r + \frac{1}{2}\beta_i P_i L_i + \frac{1}{2}\theta\beta_i P_i(1 - P_j)L_i - \frac{1}{2}\theta\beta_i P_i P_j L_j - \frac{\rho}{P_i} = 0 \quad (4.47)$$

$$-r + \frac{1}{2}\beta_j P_j L_j + \frac{1}{2}\theta\beta_j P_j(1 - P_i)L_j - \frac{1}{2}\theta\beta_i P_i P_j L_i - \frac{\rho}{P_j} = 0 \quad (4.48)$$

在對稱條件下，同樣可推得，$-r + \frac{1}{2}(1 + \theta)\beta PL - \theta\beta P^2 L - \frac{\rho}{P} = 0$

$$(4.49)$$

定理 4.5 相對於合作博弈，在非合作博弈情形下，兩對稱企業分別維持更高的信息系統安全投資率。

證明：令 $x(P) = -r + \frac{1}{2}(1 + \theta)\beta PL - \frac{1}{2}\theta\beta P^2 L - \frac{\rho}{P}$，非合作博弈和合作博弈的系統脆弱性分別為 P^D，P^C，信息系統安全投資率分別為 S^D，S^C。

則 $x(P^D) = -r + \frac{1}{2}(1 + \theta)\beta P^D L - \frac{1}{2}\theta\beta (P^D)^2 L - \frac{\rho}{P^D} = 0$，$x(P^C) = \frac{1}{2}\theta\beta (P^C)^2 L \geq 0$

而 $x'(P) = \frac{1}{2}(1 + \theta)\beta L - \theta\beta PL + \frac{\rho}{P^2} \geq 0$

推出 $P^D \leq P^C$，進一步推出 $S^D \geq S^C$。

在非合作博弈情形下，如果企業 I 的信息系統安全投入增加，那麼黑客成功入侵企業 I 的可能性就比較小，同時從攻擊企業 I 信息系統轉而攻擊企業 J 信息系統的概率就會增加。所以在這種情形下，企業 J 的最優策略也是同樣增加其信息系統安全投資，以降低損失的可能性。總而言之，兩個企業的替代關係隱含著企業之間的競爭性，從而導致企業信息系統安全過度投資。

4.3.4 協調機制

定理 4.5 表明合作決策能夠使兩個企業在信息系統安全投資方面節約成

本。因此，有必要通過一定的機制來激勵雙方實現合作解。一個可行的方法是通過強加一項雙邊支付機制來影響企業的信息系統安全投資水平，從而能夠解決過度投資問題。

考慮這樣一個支付機制：企業 I 支付 $\varphi_i(P_i)$ 給企業 J，$\varphi_i(P_i)$ 是關於企業 I 信息系統脆弱性的一個函數。同樣地，企業 J 支付 $\varphi_j(P_j)$ 給企業 I，$\varphi_j(P_j)$ 是關於企業 J 信息系統脆弱性的一個函數。因此，兩個企業的目標函數可以表現為以下形式：

$$\underset{S_i(t)}{Max}\left\{\int_0^\infty (-\frac{1}{2}P_iL_i - \frac{1}{2}\theta P_i(1-P_j)L_i - S_i - \varphi_i(P_i) + \varphi_j(P_j))e^{-rt}\mathrm{d}t\right\} \tag{4.50}$$

$$\underset{S_j(t)}{Max}\left\{\int_0^\infty (-\frac{1}{2}P_jL_j - \frac{1}{2}\theta P_j(1-P_i)L_j - S_j - \varphi_j(P_j) + \varphi_i(P_i))e^{-rt}\mathrm{d}t\right\} \tag{4.51}$$

兩企業的哈密爾頓函數為：

$$H_i = -\frac{1}{2}P_iL_i - \frac{1}{2}\theta P_i(1-P_j)L_i - S_i - \varphi_i(P_i) + \varphi_j(P_j) + \lambda_{ii}(-\beta_iS_i(t)P_i + \rho)$$
$$+ \lambda_{ij}(-\beta_jS_j(t)P_j + \rho) \tag{4.52}$$

$$H_j = -\frac{1}{2}P_jL_j - \frac{1}{2}\theta P_j(1-P_i)L_j - S_j - \varphi_j(P_j) + \varphi_i(P_i) + \lambda_{ji}(-\beta_iS_i(t)P_i + \rho)$$
$$+ \lambda_{jj}(-\beta_jS_j(t)P_j + \rho) \tag{4.53}$$

仍然得到一個關於 S_i，S_j 的 bang-bang 解和奇異解形式。同樣地，可以得到奇異域的兩個方程：

$$-r + \frac{1}{2}\beta_iP_iL_i + \frac{1}{2}\theta\beta_iP_i(1-P_j)L_i + \beta_iP_i\frac{\partial\varphi_i}{\partial P_i} - \frac{\rho}{P_i} = 0 \tag{4.54}$$

$$-r + \frac{1}{2}\beta_jP_jL_j + \frac{1}{2}\theta\beta_jP_j(1-P_i)L_j + \beta_jP_j\frac{\partial\varphi_j}{\partial P_j} - \frac{\rho}{P_j} = 0 \tag{4.55}$$

在對稱情況下，$L_i = L_j = L$，$\beta_i = \beta_j = \beta$，$P_i = P_j = P$，因此方程簡化為

$$\beta P\frac{\partial\varphi}{\partial P} + \frac{1}{2}(1+\theta)\beta PL - \frac{1}{2}\theta\beta P^2L - \frac{\rho}{P} - r = 0 \tag{4.56}$$

利用式（4.49），可以得到

$$\beta P \frac{\partial \varphi}{\partial P} + \frac{1}{2}\theta\beta P^2 L = 0 \qquad (4.57)$$

解這個微分方程可以得到：$\varphi(P) = -\frac{1}{4}\theta L P^2 + C_0$

因為 $P \in [0, 1]$，因此可以選擇 $C_0 = \frac{\theta L}{4}$，從而支付轉移變為 $\varphi(P) = \frac{\theta L}{4}(1 - P^2)$

這時候，兩個對稱企業的目標函數變為以下形式：

$$\underset{S_i(t)}{Max}\left\{\int_0^\infty (-\frac{1}{2}P_i L - \frac{1}{2}\theta P_i(1-P_j)L - S_i - \frac{\theta L}{4}(1-P_i^2) + \frac{\theta L}{4}(1-P_j^2))e^{-rt}dt\right\}$$

(4.58)

$$\underset{S_j(t)}{Max}\left\{\int_0^\infty (-\frac{1}{2}P_j L - \frac{1}{2}\theta P_j(1-P_i)L - S_j - \frac{\theta L}{4}(1-P_j^2) + \frac{\theta L}{4}(1-P_i^2))e^{-rt}dt\right\}$$

(4.59)

在非合作博弈下，新的目標函數下的均衡結果和合作下的結果是一樣的。換句話說，在應用上述的補償計劃后，兩個企業避免了過度投資。然而，這個補償計劃的實現需要有一個雙方都認可的第三方對兩企業的信息系統安全水平進行檢查，以確保補償基於雙方企業真實的信息系統脆弱性水平。

4.4 數值模擬和案例分析

4.4.1 數值模擬

本算例首先以黑客隨機性攻擊為例來進行分析。兩個企業在合作與非合作信息系統安全投資博弈情形下，信息系統的脆弱性和利潤依賴模型中參數的選擇，假定取 $L_i = L_j = 100$，$r = 0.5$，$\rho = 0.6$，$\beta_i = \beta_j = 1$，$q = 0.1, 0.2, 0.3$，

0.4，則兩個企業在合作與非合作信息系統安全投資博弈情形下，其信息系統的脆弱性和合作協調下的支付補償分別如圖4.1、圖4.2所示。

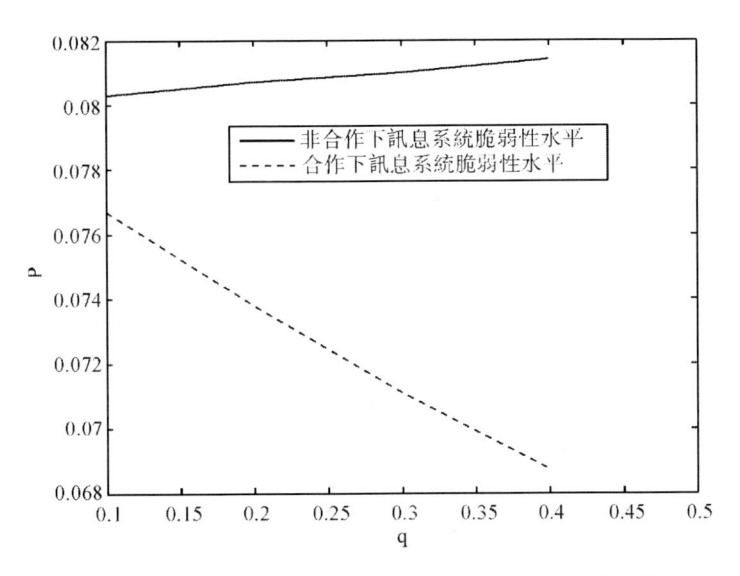

圖4.1 黑客隨機攻擊下非合作與合作下訊息系統脆弱性

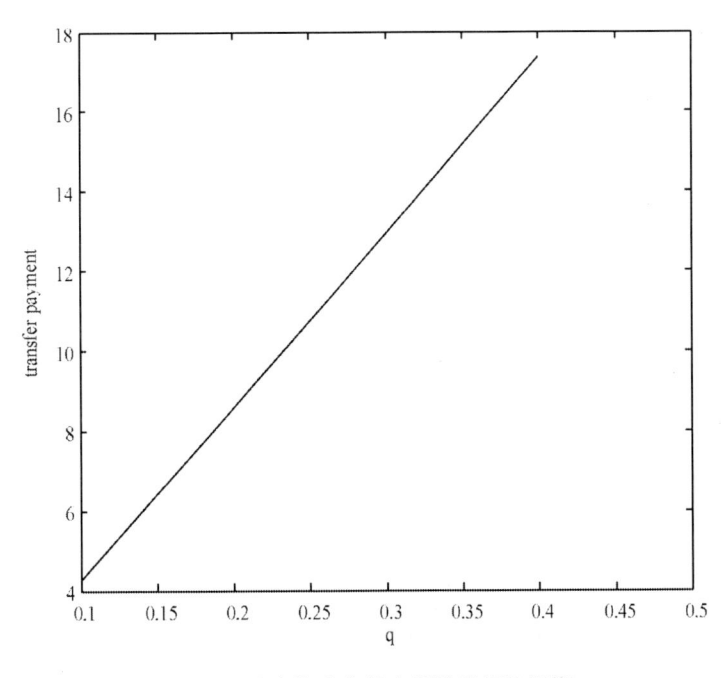

圖4.2 病毒傳染率對支付補償額的影響

從圖 4.1 和圖 4.2 中可看出，兩個企業在合作情形下的信息系統脆弱性低於非合作情形下的信息系統脆弱性。在非合作情形下，信息系統脆弱性隨著病毒傳染率的上升而上升，而在合作情形下，信息系統脆弱性隨著病毒傳染率的增加而下降，這與理論推導相符。而且兩種情形下信息系統脆弱性的差距以及合作協調下的支付補償額隨著病毒傳染率 q 的增大而增加。這說明相互依賴性越大越能體現合作協調的價值。

本算例再以黑客定向攻擊為例來進行分析。兩個企業在合作與非合作信息系統安全投資博弈情形下，信息系統的脆弱性和利潤依賴模型中參數的選擇，假定取 $L_i = L_j = 100$，$r = 0.1$，$\rho = 0.6$，$\beta_i = \beta_j = 1$，$\theta = 0.1, 0.2, \cdots, 1.0$，則兩個企業在合作與非合作信息系統安全投資博弈情形下，其信息系統的脆弱性和合作協調下的支付補償分佈如圖 4.3、圖 4.4 所示。

從圖 4.3、圖 4.4 中可看出，兩個企業在合作情形下的信息系統脆弱性高於非合作情形下的信息系統脆弱性，這是由於在黑客定向攻擊下，企業之間存在著過度投資現象，通過合作能夠減少信息系統安全的投資，結果是信息系統脆弱性水平反而上升，這與理論推導相符。合作協調下的支付補償額隨著目標替代率 θ 的增大而擴大。

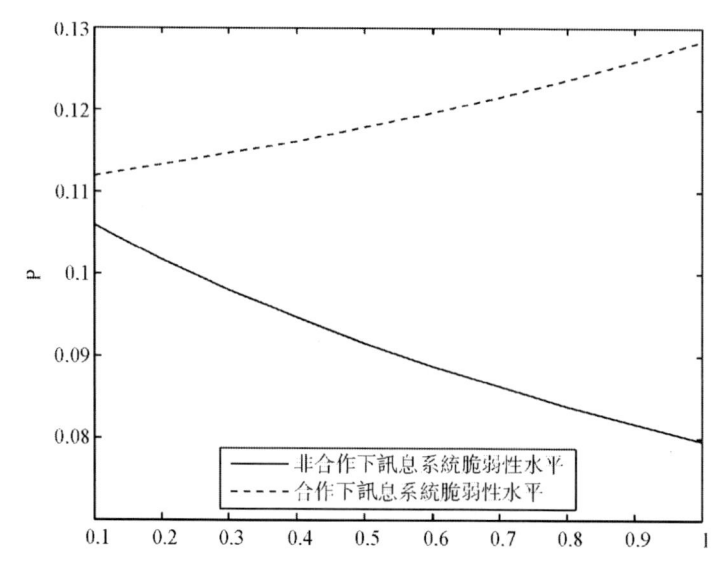

圖 4.3　黑客定向攻擊下非合作與合作下訊息系統的脆弱性

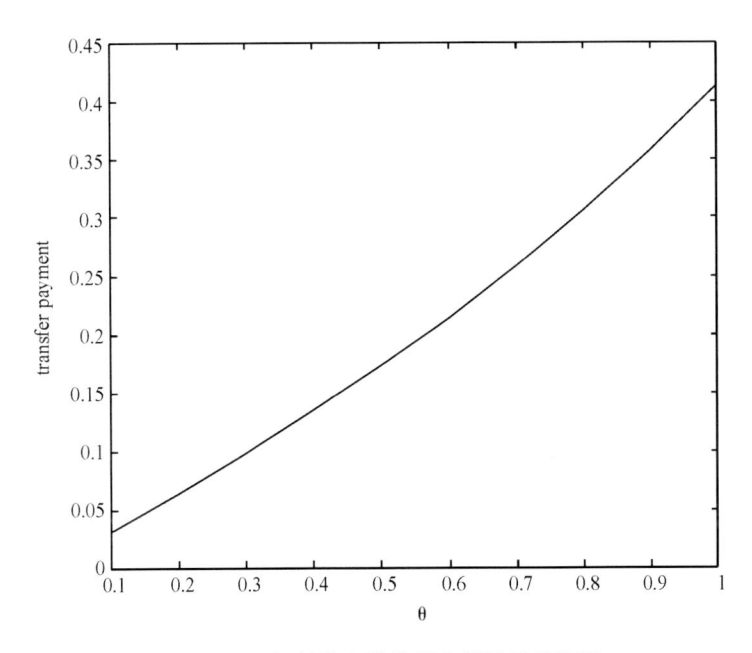

图 4.4 目标替代率变化对支付补偿的影响

4.4.2 案例分析

以黑客随机攻擊為例，舉例說明文中的定理和相關結論如何指導現實中的問題。

某企業決定通過信息系統安全投資來降低其信息系統的安全風險。企業的目標為面對不同的威脅時，使其利潤最大化或者成本最小化。

首先，企業評估其信息系統及整個網路背景所面對的黑客可能的攻擊模式和安全風險。本例假設企業遭受黑客隨機性攻擊。一般而言，企業可以通過信息系統專業公司或者專家估計信息系統安全投資中各個參數的大小，且需特別關注信息系統脆弱性變化與黑客的學習能力的變化，這兩方面的變化對企業信息系統安全投資策略的選擇也有著重要影響。本例中假設每個企業的可能損失都是 100，貼現係數為 0.5，黑客學習能力的影響為 0.6，投資效率參數為 1。並進一步通過評估得出病毒在企業間傳播的概率為 0.3。

其次，根據黑客隨機攻擊下的信息系統安全投資模型分別計算非合作與合

作下的均衡信息系統脆弱性水平。通過計算可得，非合作下的信息系統脆弱性水平為0.081,0，合作下的信息系統脆弱性水平為0.071,1，發現合作下的信息系統安全水平更高。在這種情形下，企業間進行投資協調對企業是十分有利的。例如，目前雲技術發展迅速，當企業利用雲存儲在其他企業的平臺上運行軟件時，就很大程度上可能面臨病毒、蠕蟲等黑客隨機攻擊，從而對企業的數據和信息系統構成威脅。很多學者就此提出雲安全的概念，特別強調雲技術中相關方的合作與責任制度。

最后，計算為了達到合作下的社會最優信息系統安全水平而採用的最優轉移支付額。並且需要簽訂相關的合作契約，以及保證轉移支付的正常執行。

4.5 本章小結

黑客攻擊模式分為隨機攻擊和定向攻擊，針對動態環境以及兩種不同的黑客攻擊模式，企業應採用不同的信息系統安全投資策略。已有的文獻主要研究黑客隨機攻擊下的信息系統安全投資策略，且都是只考慮靜態情形，而沒有根據信息系統安全背景環境的動態變化的特點來考慮投資策略。因此本章研究了動態背景下基於兩種不同黑客攻擊模式下的信息系統安全投資策略。

主要得到以下結論：①隨機攻擊使兩個企業在信息系統安全方面投資不足；②合作博弈能夠使企業在信息系統安全方面增加投資；②黑客的定向攻擊使兩個企業在信息系統安全方面過度投資；③合作博弈能夠使企業在信息系統安全方面節約投資；④在非合作情形下，可以通過一個雙方的合理的補償計劃來激勵企業達到合作情形下的均衡水平。

5 信息系統安全外包激勵契約設計與風險管理

信息系統安全外包使組織能夠通過利用外部資源有效地降低其信息系統安全管理運作成本，從而能把更多的資源投入到更具有核心競爭力的業務和項目上。信息系統安全外包是通過契約化模式來管理信息系統安全，因此不可避免需面對由道德風險帶來的外包契約設計問題。本章分為兩個部分，第一部分研究信息系統安全管理服務商（簡稱外包商）單邊道德風險下的信息系統安全外包契約設計問題。它研究委託企業如何通過激勵措施來協調信息系統安全管理服務商的投入水平，從而有效地控制信息系統安全風險的問題。第二部分探討雙邊道德風險下的信息系統安全外包問題，研究關係激勵契約，並分析關係激勵契約有效性的臨界條件。

5.1 問題描述

所謂企業信息系統安全外包，是指企業根據企業信息系統安全管理的目標和要求選擇合適的信息系統安全管理服務商將全部或部分信息系統安全管理事務交由服務商實施的信息系統安全管理方式。一般來說，運作能力和技術能力是組織選擇 MSSP 的主要因素，信息系統安全外包的主要動機是外包後組織能

夠通過外部資源補充來有效地降低其信息安全運作成本，從而能把更多的資源投入到更具有核心競爭力的業務和項目上。由於 MSSP 專門從事專業化的信息技術和信息安全工作，能夠更加靈活地運用有限的預算資金，採購更加合適的設備，招募專業的技術人員和專家，提供模塊化的可選擇的服務，從而能使組織各種類型的信息資源在更低的成本上得到足夠的安全保證。

企業信息系統安全外包的實施需要經過以下幾個步驟。第一步是企業根據自身的信息系統安全需求提出外包。例如，企業發現企業內部的信息系統安全運作與商業戰略之間產業了巨大的差距，這些差距包括商業戰略要求運作過程必須符合相應的法律、管制要求以及其他相關的政策；風險事件必須得到正確地識別和評估；行動和報告必須以標準化的方式來提供。如果企業自身不能通過自建信息系統安全保護系統來解決這個問題，那麼只能通過外包來彌補差距，使信息系統安全達到商業戰略要求。第二步是信息系統安全管理服務商的選擇（外包商的選擇）。形成企業信息系統安全要求（包括企業的信息資產的可用性、機密性和完整性等幾個方面）後可以要求候選的信息系統安全管理服務商證明自己在這些方面滿足企業的要求，這樣可以比較信息系統安全管理服務商的服務能力與企業所期待的差距並從多個方面進行綜合的評估。第三步是外包方式的選擇。外包可以採用全部外包模式和部分外包模式。全部外包模式即企業把所有的信息系統安全工作委託給信息系統安全管理服務商去做的方式，而部分外包模式即企業自己做一部分工作，信息系統安全管理服務商做一部分工作的方式。一般而言，如果企業在信息系統安全的某部分能力相對較強，可以自己做這部分工作或者業務，但是信息系統安全每個功能模塊都是有機整體的一部分，聯合運作可以發揮更強的能力。因此在外包模式選擇的時候應該從系統角度去考慮。第四步是外包契約的設計。包括外包項目選擇、安全應該達到的水平以及外包過程中控制以及獎勵懲罰的依據和原則。第五步是根據結果實現，進行評價和實施獎懲。

```
企業自身訊息系統安全需求的提出 → 外包商的選擇 → 外包方式的選擇 → 外包契約設計 → 外包結果實現、評價與獎懲
```

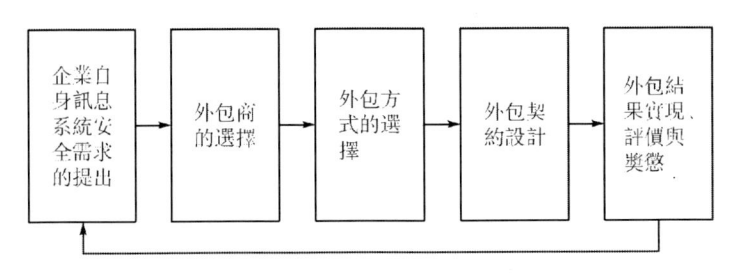

圖 5.1　企業訊息系統安全外包過程

　　信息系統安全外包研究的問題主要為信息系統安全外包中的道德風險問題[169]以及激勵契約的設計問題。道德風險問題又分為信息系統安全管理服務商單邊道德風險問題和雙邊道德風險問題。信息系統安全管理服務商單邊道德風險問題源於信息系統安全管理服務商有可能在其本身的效用最大化前提下，降低自身的投入水平，以削減其運作成本。而信息系統安全外包下企業和MSSP都不能準確獲悉安全投入的績效，很難在事前和事後來評估這些服務[71,170]。在信息系統安全外包模式下，企業的信息系統安全水平依賴於企業和信息系統安全管理服務商投入水平的共同影響。合作中雙方投入都有成本，且投入成本不能被對方有效觀察和證實的時候，就可能出現雙邊道德風險問題[171,173]。

　　目前信息系統安全外包服務項目包括兩項。一是防禦服務，包括網路邊界防禦（入侵防禦系統、防火牆）、虛擬專用網路（VPN）、漏洞評估，入侵測試等項目，其目標是阻止潛在的損失；二是入侵檢測服務，就是對入侵行為的發覺，包括全天候的監控和入侵檢測系統（IDS）。這兩項業務構成了一些最常見的信息安全管理服務。這些服務可以是單一的功能配置，也可能是組合配置，企業需要確定各個功能外包的特性、服務水平和能力，以滿足業務目標和保護至關重要的資產。因此，在信息系統安全外包契約設計時需要考慮技術配置因素的影響。

　　可以看出，委託企業和信息系統安全管理服務商之間的信息不對稱是信息系統安全外包業務的特點，而通過設計合理的契約可以從一定程度上減少信息不對稱帶來的影響。因此，信息系統安全外包中的關鍵問題是外包契約的設

計。企業在進行信息系統安全外包決策過程中必須考慮由信息不對稱導致的道德風險因素以及技術組合配置的影響。

雖然信息系統安全外包對目前學界來說是比較新的研究領域，然而隨著日趨嚴峻的信息安全形勢，越來越多的企業正開始通過契約模式外包其信息系統安全管理業務。但是外包信息系統安全管理面臨的最大的問題是，可能出現信息系統安全管理服務商單邊道德風險問題或者雙邊道德風險問題，因此如何設計契約成為一個重要的研究問題。相關信息系統安全外包的研究文獻目前不是很多，有學者也提出如果把防禦和檢測工作外包給同一個信息系統安全管理服務商，那麼由於道德風險的存在，服務商的投資會相對減少，且對服務商的最優懲罰超過企業的損失，在法律上是不可行的。如果把防禦和檢測工作外包給兩個信息系統安全管理服務商，最優罰款在法律上是可行的，而且對外包商提供了最優激勵。但是他們的研究有一些不足之處：①假定防禦和檢測兩種技術配置是相互獨立的，在已有的文獻中很多信息系統安全工具是相互關聯的，或者是相互影響的；②現實中大部分企業都是外包給一個外包商，很少出現外包給兩個外包商的情形。目前有關信息系統安全外包決策等問題的研究中，很少與企業選擇和運用什麼樣的安全技術相聯繫，很難對企業有效運用安全技術提供實質性的指導和幫助。因此，如何對技術進行選擇使運作能夠更加有效，以使企業信息系統安全管理能夠適合快速變化的安全威脅環境，是本章研究的重點。

本章在第一部分用委託代理模型研究了在不同的契約設定條件下的外包商防禦和檢測兩種功能的投入水平，並基於委託企業的角度對各個契約性質和效用進行了對比，以期幫助企業設計更合理的外包模式來解決技術組合配置下外包商單邊道德風險問題。而在第二部分，通過設計委託企業與信息系統安全管理服務商之間的契約，來約束委託企業和信息系統安全管理服務商的雙邊道德風險。[174-178]

5.2 外包商單邊道德風險下的信息系統安全外包激勵契約設計

5.2.1 基本模型

不失一般性，本書只考慮包含一個信息系統安全管理服務商（MSSP）和一個企業的模型。委託企業提供契約，設置固定支付和獎懲措施，MSSP 只能接受或者拒絕。委託企業可以選擇將防禦功能和檢測功能全部外包或者選擇部分外包。假設委託企業在被黑客成功入侵後遭受經濟損失為 L（這些損失包括客戶流失成本、維護成本以及聲譽損失等，根據普華永道的全球信息安全狀況調查報告，受訪的中國內地和香港的企業在過去一年內因信息安全事件平均每家損失達 240 萬美元），但是如果被發現或者被檢測到，企業可以及時採取應急措施，從而損失減少為 $\alpha L (0 \leq \alpha \leq L)$。

比較典型的是防火牆與入侵檢測系統進行聯動配置，入侵檢測系統被置於防火牆之後，可以檢測整個網路（包括內網）的所有流量，並且能夠檢測那些繞過防火牆的入侵行為。有時候即使防火牆沒有成功攔截，還有入侵檢測系統作為縱深防禦措施，一旦黑客入侵被檢測到，可以通過后續應急措施減少損失。

本書假設黑客成功入侵的概率 $\theta(e_p)$ 是關於防禦投入水平 e_p 的遞減凸函數，即 $\theta'_{e_p} < 0$，$\theta''_{e_p} > 0$；成功入侵檢測的概率 $\varphi(e_d)$ 是入侵檢測投入水平 e_d 的遞增凹函數，即 $\varphi'_{e_d} > 0$，$\varphi''_{e_d} < 0$。相對成本函數 $c_p(e_p)$，$c_d(e_d)$ 分別是關於 e_p，e_d 遞增的凹函數。由於委託企業和 MSSP 不能準確地觀察信息安全的結果（例如一些安全事件雙方都不能觀察到，一些安全事件只能單方面觀察到），因此用 k 表示委託企業能發現的而 MSSP 未能檢測到的信息安全事件比例。根據 Cavusoglu et al.（2009）的研究，正常情況下防禦功能和入侵檢測功

能組合配置的時候其功能必然是互補的，從而能降低一些成本，因此假設共同配置時的投資總成本函數為 $c_p(e_p) + c_d(e_d) - \rho f(e_p, e_d)$，其中 $\rho > 0$ 代表互補影響因子，並且，$c'_{p e_p}(e_p) > \rho f'_{e_p}(e_p, e_d)$，$c''_{p e_p}(e_p) > \rho f''_{e_p}(e_p, e_d)$，$c'_{d e_d}(e_d) > \rho f'_{e_d}(e_p, e_d)$，$c''_{d e_d}(e_d) > \rho f''_{e_d}(e_p, e_d)$。

首先分析社會福利最優模型，目標是選擇合適的 e_p^*，e_d^* 來最大化兩個企業總的收益。因此其最優化問題變為

$$\max_{e_p, e_d} \prod = -\theta(e_p)[L - L(1-\alpha)(k + (1-k)\varphi(e_d))] - c_p(e_p) - c_d(e_d) + \rho f(e_p, e_d) \tag{5.1}$$

為了求得社會福利最優的兩種投資額，對 e_p，e_d 求一階導數得到，

$$\left.\frac{\partial \prod}{\partial e_p}\right|_{e_p = e_p^*, e_d = e_d^*} = -\theta'_{e_p}(e_p^*)[L - L(1-\alpha)(k + (1-k)\varphi(e_d^*))] - c'_p(e_p^*) + \rho f'_{e_p}(e_p^*, e_d^*) = 0 \tag{5.2}$$

$$\left.\frac{\partial \prod}{\partial e_d}\right|_{e_p = e_p^*, e_d = e_d^*} = \theta_{e_p}(e_p^*)\varphi'_{e_d}(e_d^*)L(1-\alpha)(1-k) - c'_d(e_d^*) + \rho f'_{e_d}(e_p^*, e_d^*) = 0 \tag{5.3}$$

其中 e_p^*，e_d^* 分別為社會福利最大化下的防禦和入侵檢測最優投入水平。

5.2.2 幾種不同的信息系統安全外包契約模型

5.2.2.1 一般懲罰契約

一般懲罰契約是現實中最常見的契約，例如 IBM 企業的業務連續性和恢復服務，能夠提供包括防火牆管理、殺毒軟件管理、入侵檢測、漏洞掃描服務等的統一威脅管理綜合業務來使客戶規避信息安全風險，如果客戶遭受損失，是 IBM 的責任範圍的，客戶會獲得一定的賠償。另外，像 AT&T、BT、CSC、HP、Orange、Dell、Symantec、Verizon Business 等企業都支持同時外包防火牆和入侵檢測管理等業務模塊。

在這種外包模式下委託企業把防禦和檢測兩個部分功能全部外包，對委託企業來說其契約包含兩部分決策要素：委託企業對 MSSP 預先的固定支付 F，

委託企業自身發現的而 MSSP 未能檢測到的且為 MSSP 責任的黑客入侵事件而對 MSSP 進行的懲罰為 P。如果 MSSP 能檢測到的入侵，那麼對其懲罰要比 P 小，表示為 $(1-\tau)P$，其中 τ 為懲罰降低係數，這裡 $0<\tau<1$。m 表示 MSSP 應該對入侵事件負責的概率，這裡 $0 \leqslant m \leqslant 1$。這些符號在下面幾個契約中也是同樣表示，因此不再一一贅述。

在一般懲罰契約下委託企業和 MSSP 的效用函數分別為：

$$\prod_F = -F - \theta(e_p)[L - (L(1-\alpha) + Pm)k - (L(1-\alpha) + (1-\tau)Pm)(1-k)\varphi(e_d)] \tag{5.4}$$

$$\prod_M = F - \theta(e_p)Pm[k + (1-\tau)(1-k)\varphi(e_d)] - c_p(e_p) - c_d(e_d) + \rho f(e_p, e_d) \tag{5.5}$$

由於在一般懲罰契約下，MSSP 決定其效用函數最大時的防禦和入侵檢測的投入水平。根據 $\frac{\partial \prod_M}{\partial e_d} = -\theta(e_p)Pm(1-\tau)(1-k)\varphi'_{e_d}(e_d) - c'_{d e_d}(e_d) + \rho f'_{e_d}(e_p, e_d) < 0$ 以及假設條件 $c'_{d e_d}(e_d) > \rho f'_{e_d}(e_p, e_d)$，推得 $e_d = 0$，則 $\varphi(e_d) = 0$，表明在單純的懲罰契約下，MSSP 不願意在入侵檢測上進行投入，因為投入越多，受到的懲罰越多，其效用就會降低。

因此委託企業和 MSSP 的效用函數分別變為如下形式：

$$\prod_F = -F - \theta(e_p)[L - (L(1-\alpha) + Pm)k] \tag{5.6}$$

$$\prod_M = F - \theta(e_p)Pmk - c_p(e_p) \tag{5.7}$$

最優化問題變為：

$$\max_{F,P} \prod = -F - \theta(e_p)[L - (L(1-\alpha) + Pm)k] \tag{5.8}$$

$$\text{s.t.} \ -\theta'_{e_p}(e_p)Pmk - c'_{p e_p}(e_p) = 0 \ (IC_p) \tag{5.9}$$

$$F - \theta(e_p)Pmk - c_p(e_p) \geqslant \bar{u} \quad (IR) \tag{5.10}$$

其中 (IC_p) 表示 MSSP 關於防禦投入 e_p 的激勵相容約束，(IR) 表示 MSSP 個體參與約束，保證 MSSP 接受契約的最小期望收益 $\bar{u}$。

定理 5.1 一般懲罰契約下的解具有以下性質：

（ⅰ）$P^1 = \dfrac{L - L(1-\alpha)k}{mk}$，$F^1 = \theta(e_p)(L - L(1-\alpha)k) + c_p(e_p^1) + \bar{u}$，

（ⅱ）均衡防禦投入水平高於社會福利最優下的水平，均衡入侵檢測投入水平為0。

證明：首先建立拉格朗日函數，其中 λ_p，μ 分別表示 IC_p，IR 的拉格朗日函數乘數。

$$L = -F - \theta(e_p)[L - (L(1-\alpha) + Pm)k] + \lambda_p(-\theta'_{e_r}(e_p)Pmk - c'_{pe_r}(e_p))$$
$$+ \mu(F - \theta(e_p)Pmk - c_p(e_p) - \bar{u}) \tag{5.11}$$

一階條件如下，

$$\dfrac{\partial L}{\partial F} = -1 + \mu = 0 \tag{5.12}$$

$$\dfrac{\partial L}{\partial P} = mk(\theta(e_p) - \lambda_p \theta'(e_p) - \mu\theta(e_p)) = 0 \tag{5.13}$$

$$\dfrac{\partial L}{\partial \lambda_p} = -\theta'_{e_r}(e_p)Pmk - c'_{pe_r}(e_p) = 0 \tag{5.14}$$

$$\dfrac{\partial L}{\partial \mu} = F - \theta(e_p)Pmk - c_p(e_p) - \bar{u} = 0 \tag{5.15}$$

根據式（5.12）推出 $\mu = 1$，代入式（5.13）得到 $\lambda_p = 0$，將它們都代入式（5.11），得到，$L = -\theta(e_p)[L - L(1-\alpha)k] - c_p(e_p) - \bar{u}$。

對 e_p 求導數，$-\theta'_{e_r}(e_p)[L - L(1-\alpha)k] - c'_{pe_r}(e_p) = 0 \tag{5.16}$

比較（5.16）與（5.9），可以得到 $P^1 = \dfrac{L - L(1-\alpha)k}{mk} \tag{5.17}$

將式（5.17）代入式（5.15），推出

$$F^1 = \theta(e_p^1)(L - L(1-\alpha)k) + c_p(e_p^1) + \bar{u} \tag{5.18}$$

定理5.1（ⅰ）表明在信息系統安全全部外包且採用一般懲罰的情形下，最優懲罰額與 L 和 α 是正相關的，與 k 是負相關的。L 和 α 越大表示委託企業受到黑客入侵損失越大，因此，為激勵 MSSP 投入而必須增加懲罰額。k 越小，說明委託企業對 MSSP 的運作的結果信息越不完善，因此懲罰也就越大。定理5.1（ⅱ）表明由於均衡入侵檢測相對最優投入不足，因此為了補償入侵檢測

投入水平的下降，委託企業必須在契約設計上更多地促使 MSSP 在信息系統安全防禦功能上增加投入。

5.2.2.2 包含懲罰的部分外包契約

由於一般懲罰契約下，MSSP 在入侵檢測上投入不足，而在防禦上投入過多。在實踐中很多企業採用防禦功能外包，而入侵檢測企業自己去做的部分外包模式。根據調查，企業採用防禦功能外包，而入侵檢測企業自己去做的部分外包模式是存在的，特別是在金融行業[172]。當然還有其他的部分外包模式，如入侵檢測模塊企業自己去做的這種部分外包模式，但這種部分外包模式比較少見，本書僅限於研究最常見的防禦功能外包模式。但是由於在這種外包模式下防禦和檢測功能分別由不同的參與方控制，無法實現互補效應，因此總成本函數中 $\rho f(e_p, e_d)$ 項為 0，其他變量的含義與上面討論的一致。對委託企業來說，其契約包含兩個部分決策要素：委託企業對 MSSP 的固定支付為 F，委託企業檢測到的且 MSSP 負有責任的黑客入侵事件而採取的對 MSSP 的懲罰為 P。因為企業不像 MSSP 有大量客戶可以共享安全信息[91]，所以自己完成入侵檢測需要更高的投資①，設為 $(1+\zeta)c_d(e_d)$，$\zeta > 0$ 表示成本增加比例。

委託企業和 MSSP 的效用函數分別為：

$$\prod_F = -F - \theta(e_p)[L - (L(1-\alpha) + Pm)(k + (1-k)\varphi(e_d))] - (1+\zeta)c_d(e_d) \tag{5.19}$$

$$\prod_M = F - \theta(e_p)Pm(k + (1-k)\varphi(e_d)) - c_p(e_p) \tag{5.20}$$

最優化問題變為：

$$\max_{F, P, e_d} \prod = -F - \theta(e_p)[L - (L(1-\alpha) + Pm)(k + (1-k)\varphi(e_d))] - (1+\zeta)c_d(e_d) \tag{5.21}$$

$$\text{s.t.} \quad -\theta'_{e_p}(e_p)Pm(k + (1-k)\varphi(e_d^*)) - c'_{pe_p}(e_p) = 0 \quad (IC_p) \tag{5.22}$$

$$F - \theta(e_p)Pm(k + (1-k)\varphi(e_d^*)) - c_p(e_p) \geq \bar{u} \quad (IR) \tag{5.23}$$

---

① 以某企業為例，在指定的信息系統安全等級下，信息系統安全外包商的開價是每年 15,000 美元。如果企業自己完成這項工作，則需要 23,000 美元。

定理 5.2　防禦外包，委託企業自己檢測的部分外包契約下均衡結果有下面性質：

（i）$P^2 = \dfrac{L-(L(1-\alpha)(k+(1-k)\varphi(e_d^2)))}{m(k+(1-k)\varphi(e_d^2))}$

$F^2 = \theta(e_p^2)[L-(L(1-\alpha)(k+(1-k)\varphi(e_d^2)))]+c_p(e_p^2)+\bar{u}$

（ii）均衡防禦和檢測投入水平均低於社會福利最優下的水平。

證明：首先建立拉格朗日函數，其中 λ_p, μ 分別表示 IC_p, IR 的拉格朗日函數乘數。

$L=-F-\theta(e_p)[L-(L(1-\alpha)+Pm)(k+(1-k)\varphi(e_d))]-(1+\zeta)c_d(e_d)$
$\quad +\lambda_p(-\theta'_{e_r}(e_p)Pm(k+(1-k)\varphi(e_d^*))-c'_{pe_r}(e_p))$
$\quad +\mu(F-\theta(e_p)Pm(k+(1-k)\varphi(e_d^*))-c_p(e_p)-\bar{u})$ （5.24）

一階條件如下，

$\dfrac{\partial L}{\partial F}=-1+\mu=0$ （5.25）

$\dfrac{\partial L}{\partial P}=m(k+(1-k)\varphi(e_d))(\theta(e_p)-\lambda\theta'(e_p)-\mu\theta(e_p))=0$ （5.26）

$\dfrac{\partial L}{\partial \lambda}=-\theta'_{e_r}(e_p)Pm(k+(1-k)\varphi(e_d))-c'_{pe_r}(e_p)=0$ （5.27）

$\dfrac{\partial L}{\partial \mu}=F-\theta(e_p)Pm(k+(1-k)\varphi(e_d))-c_p(e_p)-\bar{u}=0$ （5.28）

根據式（5.25），可以得到 $\mu=1$，代入到式（5.26），推出 $\lambda=0$。

$\mu=1, \lambda=0$ 代入到式（5.24），得到

$L=-F-\theta(e_p)[L-(L(1-\alpha)+Pm)(k+(1-k)\varphi(e_d))]-(1+\zeta)c_d(e_d)$
$\quad +F-\theta(e_p)Pm(k+(1-k)\varphi(e_d))-c_p(e_p)-\bar{u}$

化簡得，

$L=-\theta(e_p)[L-L(1-\alpha)(k+(1-k)\varphi(e_d))]-c_p(e_p)-(1+\zeta)c_d(e_d)-\bar{u}$ （5.29）

式（5.29）對 e_p, e_d 求導數

$$-\theta'_{e_p}(e_p)[L-(L(1-\alpha)(k+(1-k)\varphi(e_d)))]-c'_{p e_p}(e_p)=0 \quad (5.30)$$

$$\theta_{e_p}(e_p)\varphi'_{e_d}(e_d)L(1-\alpha)(1-k)-(1+\zeta)c'_d(e_d)=0 \quad (5.31)$$

式 (5.30) 與式 (5.27) 對比得到，$L-L(1-\alpha)(k+(1-k)\varphi(e_d))=Pm(k+(1-k)\varphi(e_d))$，解得，$P^2=\dfrac{L-L(1-\alpha)(k+(1-k)\varphi(e_d^2))}{m(k+(1-k)\varphi(e_d^2))}$ (5.32)

(5.32) 代入 (5.28) 得到

$$F^2=\theta(e_p^2)[L-L(1-\alpha)(k+(1-k)\varphi(e_d^2))]+c_p(e_p^2)+\bar{u} \quad (5.33)$$

式 (5.30)(5.31) 與式 (5.2)(5.3) 比較，當 $\rho>0$，$\zeta>0$ 的時候 $e_p^2<e_p^*$，$e_d^2<e_d^*$。

定理 5.2（ⅰ）中懲罰表達式與一般懲罰契約下的對應懲罰表達式類似，只是在一般懲罰契約下入侵檢測投入為 0。$P^2<P^1$ 表明部分外包下委託企業自己檢測減輕了目標衝突。但是在這種情況下，總成本函數中 $\rho f(e_p,e_d)$ 項為 0，功能分開使委託企業不能利用防禦和檢測的互補性減少成本，從而使防禦和檢測的投入都小於基準值。入侵檢測的投資成本相對較高，從而進一步使檢測的投入減少，使兩種投入都達不到社會福利最優投入水平，因此得到定理 5.2（ⅱ）結論。

5.2.2.3 基於獎勵懲罰的全外包契約

由於一般懲罰契約和部分外包契約都達不到社會福利最優投入水平，很多學者提出在全部外包下的基於獎勵和懲罰的契約設計[91]。基於已有研究基礎，本書提出了更為簡單的契約結構，即全外包情形下，委託企業自己發現到的且 MSSP 負有責任的黑客入侵事件而對 MSSP 進行懲罰，如果 MSSP 檢測出，即給予一定獎勵。

這種契約模式下，由於防禦和檢測功能不是分離的，因此總成本函數中存在 $\rho f(e_p,e_d)$ 項。對委託企業來說其契約包含三個部分決策要素：委託企業對 MSSP 的固定支付為 F，委託企業發現到的且 MSSP 負有責任的黑客入侵事件而對 MSSP 的懲罰為 P，MSSP 檢測出的給予獎勵 R。

委託企業和 MSSP 的效用函數分別為：

$$\prod_F = -F - \theta(e_p)[L - (L(1-\alpha) + Pm)k - (L(1-\alpha) - R)(1-k)\varphi(e_d)] \tag{5.34}$$

$$\prod_M = F - \theta(e_p)Pmk + \theta(e_p)R(1-k)\varphi(e_d) - c_p(e_p) - c_d(e_d) + \rho f(e_p, e_d) \tag{5.35}$$

最優化問題變為：

$$\max_{F,P,R}\prod = -F - \theta(e_p)[L - (L(1-\alpha) + Pm)k - (L(1-\alpha) - R)(1-k)\varphi(e_d)] \tag{5.36}$$

s.t. $-\theta'_{e_p}(e_p)Pmk + \theta'_{e_p}(e_p)R(1-k)\varphi(e_d) - c'_{pe_p}(e_p) + \rho f'_{e_p}(e_p, e_d) = 0$

(IC_p) \hfill (5.37)

$$\theta(e_p)R(1-k)\varphi'_{e_d}(e_d) - c'_{de_d}(e_d) + \rho f'_{e_d}(e_p, e_d) = 0 \quad (IC_d) \tag{5.38}$$

$$F - \theta(e_p)Pmk + \theta(e_p)R(1-k)\varphi(e_d) - c_p(e_p) - c_d(e_d) + \rho f(e_p, e_d) \geq \bar{u}$$

(IR) \hfill (5.39)

定理 5.3 包含獎懲的全部外包契約下的均衡結果有下面幾種性質：

（ⅰ）$P^3 = \dfrac{L - L(1-\alpha)k}{mk}$, $R^3 = L(1-\alpha)$,

$F^3 = \theta(e_p^3)[L - L(1-\alpha)(k - (1-k)\varphi(e_d^3))] + c_p(e_p^3) + c_d(e_d^3) - \rho f(e_p^3, e_d^3) + \bar{u}$

（ⅱ）均衡防禦和檢測投入水平均等於社會福利最優下的水平。

證明：首先建立拉格朗日函數，其中 λ_p, λ_d, μ 分別表示 IC_p, IC_d, IR 的拉格朗日函數乘數。

$L = -F - \theta(e_p)[L - (L(1-\alpha) + Pm)k - (L(1-\alpha) - R)(1-k)\varphi(e_d)]$

$+ \lambda_p(-\theta'_{e_p}(e_p)Pmk + \theta'_{e_p}(e_p)R(1-k)\varphi(e_d) - c'_{pe_p}(e_p) + \rho f'_{e_p}(e_p, e_d))$

$+ \lambda_d(\theta(e_p)R(1-k)\varphi'_{e_d}(e_d) - c'_{de_d}(e_d) + \rho f'_{e_d}(e_p, e_d))$

$+ \mu(F - \theta(e_p)Pmk + \theta(e_p)R(1-k)\varphi(e_d) - c_p(e_p) - c_d(e_d) + \rho f(e_p, e_d) - \bar{u})$

\hfill (5.40)

一階條件如下：

$$\frac{\partial L}{\partial F} = -1 + \mu = 0 \tag{5.41}$$

$$\frac{\partial L}{\partial P} = mk(\theta(e_p) - \lambda_p \theta'(e_p) - \mu\theta(e_p)) = 0 \tag{5.42}$$

$$\frac{\partial L}{\partial R} = (1-k)(-\theta(e_p)\varphi(e_d) + \lambda_p \theta'_{e_p}(e_p)\varphi(e_d) + \lambda_d \theta(e_p)\varphi'_{e_d}(e_d) + \mu\theta(e_p)\varphi(e_d)) = 0 \tag{5.43}$$

$$\frac{\partial L}{\partial \lambda_p} = -\theta'_{e_p}(e_p)Pmk + \theta'_{e_p}(e_p)R(1-k)\varphi(e_d) - c'_{pe_p}(e_p) + \rho f'_{e_p}(e_p, e_d) = 0 \tag{5.44}$$

$$\frac{\partial L}{\partial \lambda_d} = \theta(e_p)R(1-k)\varphi'_{e_d}(e_d) - c'_{de_d}(e_d) + \rho f'_{e_d}(e_p, e_d) = 0 \tag{5.45}$$

$$\frac{\partial L}{\partial \mu} = F - \theta(e_p)Pmk + \theta(e_p)R(1-k)\varphi(e_d) - c_p(e_p) - c_d(e_d) + \rho f(e_p, e_d) - \bar{u} = 0 \tag{5.46}$$

根據式（5.41）推出 $\mu = 1$，代入式（5.42）得到 $\lambda_p = 0$，將 $\mu = 1$ 和 $\lambda_p = 0$ 代入到式（5.43），得到 $\lambda_d = 0$，將它們都代入式（5.40），得到

$$L = -\theta(e_p)[L - L(1-\alpha)(k + (1-k)\varphi(e_d))] - c_p(e_p) - c_d(e_d) + \rho f(e_p, e_d) - \bar{u}$$

化簡得到，

$$L = -\theta(e_p)[L - L(1-\alpha)(k + (1-k)\varphi(e_d))] - c_p(e_p) - c_d(e_d) - \bar{u} \tag{5.47}$$

對 e_p，e_d 求導數，得到

$$-\theta'_{e_p}(e_p)[L - L(1-\alpha)(k + (1-k)\varphi(e_d))] - c'_{pe_p}(e_p) + \rho f'_{e_p}(e_p, e_d) = 0 \tag{5.48}$$

$$\theta_{e_p}(e_p)\varphi'_{e_d}(e_d)L(1-\alpha)(1-k) - c'_{de_d}(e_d) + \rho f'_{e_d}(e_p, e_d) = 0 \tag{5.49}$$

比較式（5.45）與（5.49），可以得到 $R^3 = L(1-\alpha)$ \hfill (5.50)

比較式（5.44）與（5.48），並結合式（5.50），得到：

$$P^3 = \frac{L - L(1-\alpha)k}{mk} \tag{5.51}$$

式 (5.50) (5.51) 代入式 (5.46)

$$F^3 = \theta(e_p^3)[L-L(1-\alpha)(k-(1-k)\varphi(e_d^3))] + c_p(e_p^3) + c_d(e_d^3) - \rho f(e_p^3, e_d^3) + \bar{u} \tag{5.52}$$

式 (5.48) (5.49) 與式 (5.2) (5.3) 比較，$e_p^3 = e_p^*$，$e_d^3 = e_d^*$。

定理 5.3 表明在全部外包且採用獎懲契約下，通過一定的機制設計能夠達到社會福利最大化下的防禦和檢測投入水平。

5.2.3 不同信息系統安全外包契約比較

定理 5.4 （ⅰ）$P^1 = P^3 > P^2$，（ⅱ）$e_p^1 > e_p^3 > e_p^2$，（ⅲ）$e_d^3 > e_d^2 > e_d^1$（ⅳ）$\prod_F^3 > \prod_F^2 > \prod_F^1$。

證明：（ⅰ）$P^1 = P^3 = \dfrac{L-L(1-\alpha)k}{mk}$，$P^2 = \dfrac{L-L(1-\alpha)(k+(1-k)\varphi(e_d^2))}{m(k+(1-k)\varphi(e_d^2))}$，

用反證法，假設 $\dfrac{L-L(1-\alpha)k}{mk} \leq \dfrac{L-L(1-\alpha)(k+(1-k)\varphi(e_d^2))}{m(k+(1-k)\varphi(e_d^2))}$

則可以推出，$k + (1-k)\varphi(e_d^2) \leq k$，因為 $e_d^2 > 0$，所以 $k + (1-k)\varphi(e_d^2) > k$，矛盾。

（ⅱ）將式 (5.16) 與式 (5.2) 比較，得到 $e_p^1 > e_p^*$；式 (5.48) 與式 (5.2) 比較，$e_p^3 = e_p^*$；式 (5.30) 與式 (5.2) 比較，$e_p^2 < e_p^*$。

（ⅲ）$e_d^1 = 0$。(5.31) 與 (5.3) 比較，$e_d^2 < e_d^*$；(5.49) (5.3) 比較 $e_d^3 = e_d^*$。

（ⅳ）$\prod_F^1 = -\theta(e_p^1)(L - L(1-\alpha)k) - c_p(e_p^1) - \bar{u}$，

$\prod_F^2 = -\theta(e_p^2)[L - L(1-\alpha)(k + (1-k)\varphi(e_d^2))] - c_p(e_p^2) - (1+\zeta)c_d(e_d^2) - \bar{u}$

$\prod_F^3 = -\theta(e_p^3)[L - L(1-\alpha)(k + (1-k)\varphi(e_d^3))] - c_p(e_p^3) - c_d(e_d^3) + \rho f(e_p^3, e_d^3) - \bar{u}$

在部分外包時設置 $e_d^2 = 0$，則部分外包契約就退化為一般懲罰契約，因此

$\prod_F^2 > \prod_F^1$，特別強調的是不管委託企業自己的投入是否高於 MSSP 的成本，企業部分外包都在收益上優於一般懲罰契約下的收益。

比較 $\prod_F^2$ 和 $\prod_F^3$，發現不管 e_p，e_d 取任何值，$\prod_F^3$ 的收益都大於 $\prod_F^2$ 的收益。

定理 5.4（ⅰ）中可以看出部分外包下的懲罰最小，因為委託企業自己檢測，能夠更好地控制檢測的投入。而在其他兩種情形下的懲罰是一樣的。（ⅱ）（ⅲ）說明如果 MSSP 沒有對入侵檢測投入，為了補償損失，委託企業有必要增大懲罰力度使 MSSP 增加防禦投入。而在部分外包下，由於兩種功能的互補性成本降低，這使防禦和入侵檢測投入較社會福利最大化的投入值要低。（ⅳ）說明包含獎懲的全部外包契約是最優契約，不管是防禦投入水平、檢測投入水平還是委託企業的收益都大於其他外包契約的結果。

5.3 雙邊道德風險下的信息系統安全外包激勵契約設計

信息系統安全外包環境下，外包委託企業和安全管理服務提供商的投入水平都是私有信息，這種雙邊道德風險的特徵導致雙方在相對社會最優投入水平上的不足。為了降低雙邊道德風險，外包委託企業和安全管理服務提供商有必要協調它們的投入水平以達到更好的安全水平。運用委託代理理論研究雙方在普通賠償契約下的投入水平，發現普通賠償契約並不能阻止雙邊道德風險。因此本書基於宋寒等（2010）、張春勛等（2009）、Goldlüke et al.（2012）、Gürtler（2008）、Levin（2003）等人的研究建立信息系統安全外包中的關係契約來分析問題。

5.3.1 基本模型

我們考慮一個企業通過契約外包其信息系統安全服務於 MSSP。本書模型與分析包含以下幾個假設條件：

假設1 P 表示安全質量，代表信息系統能夠阻止黑客入侵的概率。P 是雙方投入程度的函數，也就是說 P 可以表達為 $P(e_M, e_F)$，e_M 代表 MSSP 的投入，e_F 代表委託企業的投入。為了表達的方便，指定 E 為各方投入的集合，即 $E = (e_M, e_F)$。MSSP 投入的成本為 $C_M(e_M)$，委託企業的投入為 $C_F(e_F)$。進一步假設凸的成本結構和凹影響：

$$\frac{\partial P(E)}{\partial e_M} > 0, \quad \frac{\partial P(E)}{\partial e_F} > 0, \quad \frac{\partial^2 P(E)}{\partial (e_M)^2} < 0, \quad \frac{\partial^2 P(E)}{\partial (e_F)^2} < 0, \quad \frac{\partial C_F(e_F)}{\partial e_F} > 0,$$

$$\frac{\partial^2 C_F(e_F)}{\partial (e_F)^2} > 0$$

$$\frac{\partial^2 P(e_M, e_F)}{\partial e_M^2} \cdot \frac{\partial^2 P(e_M, e_F)}{\partial e_F^2} - \left(\frac{\partial^2 P(e_M, e_F)}{\partial e_M \partial e_F}\right)^2 > 0$$

假設2 如果在契約有效期內安全事件沒有發生則信息系統的價值是 V，d 代表安全事件發生造成的損失。

假設3 e_M，e_F 是私人信息。

5.3.2 普通契約下的雙邊道德風險

企業和 MSSP 之間的關係為委託代理關係，企業為委託人，MSSP 為代理人。外包委託企業作為 Stackelberg 領導者提供一個雙邊契約 (f, φ) 給 MSSP，其中 f 為簽訂契約時外包委託企業給 MSSP 的固定支付，φ 是 MSSP 根據最終的信息系統安全結果給出的賠償計劃。

在第一階段，MSSP 能夠接受或者拒絕這個契約邀請。如果 MSSP 拒絕這個契約邀請，外包委託企業和 MSSP 之間的博弈結束，MSSP 獲得外部選擇的保留效用 $\bar{u}$。如果 MSSP 接受這個契約，雙方在給定的契約條件下選擇其投入水平去最大化它們自身的期望效用。在信息系統安全外包一個階段結束後，MSSP 支付相對應的賠償數額。

首先，從期望社會福利最優化的合作情形開始。給定投入水平 e_M, e_F，期望社會總收益為

$$\Pi = V - (1 - P(e_M, e_F))d - C_M(e_M) - C_F(e_F) \tag{5.53}$$

MSSP 的投入水平 e_M^{FB} 和委託企業的投入水平 e_F^{FB} 滿足

$$\frac{\partial \Pi}{\partial e_F} = \frac{\partial P(e_M, e_F)}{\partial e_F}d - \frac{\partial C_F(e_F)}{\partial e_F} = 0 \tag{5.54}$$

$$\frac{\partial \Pi}{\partial e_M} = \frac{\partial P(e_M, e_F)}{\partial e_M}d - \frac{\partial C_M(e_M)}{\partial e_M} = 0 \tag{5.55}$$

這裡指定 e_F^{FB}, e_M^{FB} 為社會福利最大化下的投入水平。

下面我們研究在普通賠償契約下雙方獨立決策，追求自身效用最大化時的均衡投入水平。

在普通賠償契約 (f, φ) 下，委託企業的期望收益為

$$U_F(e_M, e_F) = V - f - (1 - \varphi)(1 - P(e_M, e_F))d - C_F(e_F) \tag{5.56}$$

給定 e_M，委託企業通過調整投入水平 e_F 來最大化自己的期望收益。因此，委託企業的期望收益最大化的一階條件為

$$(1 - \varphi)\frac{\partial P(e_M, e_F)}{\partial e_F}d - \frac{\partial C_F(e_F)}{\partial e_F} = 0 \tag{5.57}$$

MSSP 的期望收益為

$$U_M(e_M, e_F) = f - \varphi(1 - P(e_M, e_F))d - C_M(e_M) \tag{5.58}$$

同樣，MSSP 期望收益最大化的一階條件為

$$\varphi \frac{\partial P(e_M, e_F)}{\partial e_M}d - \frac{\partial C_M(e_M)}{\partial e_M} = 0 \tag{5.59}$$

委託企業的契約設計問題可用如下優化問題描述：

優化問題 1

$$\max_{f, \varphi} = V - f - (1 - \varphi)(1 - P(e_M, e_F))d - C_F(e_F) \tag{5.60}$$

$$\text{s.t. } (1 - \varphi)\frac{\partial P(e_M, e_F)}{\partial e_F}d - \frac{\partial C_F(e_F)}{\partial e_F} = 0 \tag{5.61}$$

$$\varphi \frac{\partial P(e_M, e_F)}{\partial e_M}d - \frac{\partial C_M(e_M)}{\partial e_M} = 0 \tag{5.62}$$

$$f - \varphi(1 - P(e_M, e_F))d - C_M(e_M) \geqslant \bar{u} \tag{5.63}$$

式（5.60）代表委託企業的目標函數，式（5.61）是委託企業的激勵兼

容約束，e_F 代表委託企業在獨立決策時針對給定 e_M 最優均衡投入水平。同樣，式（5.62）是 MSSP 的激勵兼容約束，e_M 代表 MSSP 在獨立決策時針對給定 e_F 最優均衡投入水平。式（5.63）是 MSSP 的個體理性限制的參與約束，確保 MSSP 能夠參與。

建立優化問題 1 的拉格朗日函數（λ_1，λ_2，λ_3 分別是式（5.61）（5.62）（5.63）的拉格朗日乘子），得到

$$L = V - f - (1-\varphi)(1-P(e_M, e_F))d - C_F(e_F) + \lambda_1\left((1-\varphi)\frac{\partial P(e_M, e_F)}{\partial e_F}d - \frac{\partial C_F(e_F)}{\partial e_F}\right)$$
$$+ \lambda_2\left(\varphi\frac{\partial P(e_M, e_F)}{\partial e_M}d - \frac{\partial C_M(e_M)}{\partial e_M}\right) + \lambda_3[f - \varphi(1-P(e_M, e_F))d - C_M(e_M) - \bar{u}]$$

(5.64)

關於 f 的一階條件是 $\frac{\partial L}{\partial f} = -1 + \lambda_3 = 0$，可以推出 $\lambda_3 = 1$，因此參與約束式（5.63）為緊的。從而可以得到

$$f = \varphi(1 - P(e_M, e_F))d + C_M(e_M) + \bar{u} \quad (5.65)$$

將式（5.65）代入式（5.60），優化問題 1 可以簡化為優化問題 2

$$\max_{\varphi, e_M, e_F} = V - (1 - P(e_M, e_F))d - C_F(e_F) - C_M(e_M) - \bar{u} \quad (5.66)$$

$$\text{s.t.} \quad (1 - \varphi)\frac{\partial P(e_M, e_F)}{\partial e_F}d - \frac{\partial C_F(e_F)}{\partial e_F} = 0 \quad (5.67)$$

$$\varphi\frac{\partial P(e_M, e_F)}{\partial e_M}d - \frac{\partial C_M(e_M)}{\partial e_M} = 0 \quad (5.68)$$

因為目標方程是等式約束下的凹函數，因此（φ^*，e_M^*，e_F^*）是優化問題 2 的唯一解。

這樣我們可以得到

$$f = \varphi(1 - P(e_M^*, e_F^*))d + C_M(e_M^*) + \bar{u} \quad (5.69)$$

式（5.69）代入式（5.58），可以得到 MSSP 期望收益

$$U_M(e_M, e_F) = \varphi(1 - P(e_M^*, e_F^*))d + C_M(e_M^*) + \bar{u} - \varphi(1 - P(e_M^*, e_F^*))d - C_M(e_M^*) = \bar{u}$$

(5.70)

可以發現 MSSP 只能得到保留效用，究其原因是委託企業設計了契約，從而可以掌握主動權。

引理 5.1 存在雙邊道德風險的情況下，賠償比例 φ 不能為 0 或者 1。

證明：如果 $\varphi = 0$，方程（5.68）不可能成立，因為和之前的假設 $\dfrac{\partial C_M(e_M)}{\partial e_M} > 0$ 矛盾。同樣，如果 $\varphi = 1$，方程（5.67）不可能成立，因為和之前的假設 $\dfrac{\partial P(e_M, e_F)}{\partial e_F} > 0$ 矛盾。

引理 5.1 表明委託企業必須和 MSSP 共同承擔風險，風險必須在委託企業和 MSSP 之間進行合理安排。

定理 5.5 普通賠償契約並不能使雙方達到社會最優投入水平。進一步可以證明委託企業的投入水平隨著賠償比例的增加而降低，MSSP 的投入水平隨著賠償比例的增加而增加，雙方的最優反應函數 $e_F(e_M)$ 和 $e_M(e_F)$ 都是單調下降的。

證明：用反證法，假設在普通賠償契約下社會最優投入水平是可以達到的。對式（5.54）和式（5.67）進行比較，可以得到 $\varphi = 0$，同樣，對式（5.55）和式（5.68）進行比較，可以得到 $\varphi = 1$，這就和引理 5.1 中表明的賠償比例 φ 不能為 0 或者 1 這個結論矛盾。簡而言之，沒有任何賠償比例可以使雙方的投入達到社會最優投入水平。

定理 5.5 的后半部分證明如下：

根據（5.67）（5.68）可以得到

$$\frac{\partial e_F}{\partial \varphi} = -\frac{-\dfrac{\partial P(e_M, e_F)}{\partial e_F} d}{(1-\varphi)\dfrac{\partial^2 P(e_M, e_F)}{\partial e_F^2} d - \dfrac{\partial^2 C_F(e_F)}{\partial e_F^2}} < 0 \quad (5.71)$$

$$\frac{\partial e_M}{\partial \varphi} = -\frac{\dfrac{\partial P(e_M, e_F)}{\partial e_M} d}{\varphi \dfrac{\partial^2 P(e_M, e_F)}{\partial e_M^2} d - \dfrac{\partial^2 C_M(e_M)}{\partial e_M^2}} > 0 \quad (5.72)$$

並且 $\dfrac{\partial e_F}{\partial e_M} = \dfrac{\partial e_F}{\partial \varphi} \cdot \dfrac{\partial \varphi}{\partial e_M} < 0$,

同樣地, $\dfrac{\partial e_M}{\partial e_F} = \dfrac{\partial e_M}{\partial \varphi} \cdot \dfrac{\partial \varphi}{\partial e_F} < 0$。

定理 5.5 表明依靠普通賠償契約是不可能解決雙邊道德風險問題的。可以看出如果降低賠償比例到 0，可以完全解決委託企業的道德風險問題；同樣地，提升賠償比例到 1 可以完全解決 MSSP 的道德風險問題。但是這兩個只能二選一，所以不可能同時解決雙方的道德風險問題。定理 5.5 的后半部分表明雙方的反應函數是向下傾斜，當 MSSP 的投入水平提升時，委託企業的最佳反應是降低投入水平；反之亦然。

5.3.3　關係激勵契約

在很多經濟關係中激勵問題的解決是非常重要的，根據業績進行補償和獎勵的正式契約能夠在一定程度上緩解激勵問題，但是起草一份完美有效的正式契約幾乎是不可能的，也是不現實的。相對於正式契約而言，關係契約是基於未來關係價值的非正式協議，其主要特點是「自執行機制」。信息系統安全管理服務商和委託企業之間的正式契約往往存在績效難以度量的問題，而由關係契約維繫的持續合作關係有利於克服正式契約在適用性方面的局限，因此能夠彌補正式契約在實際應用中的不足。在現實中，企業信息系統安全外包中的委託企業和信息系統安全管理服務商的合作往往是分階段長期的，為了克服度量正式契約驗證績效的成本過高問題，交易雙方就會轉而求助於正式契約以外的關係契約。關係契約可以有效地抑制夥伴機會主義行為，關係契約的主要特點是由外包雙方自行協調來執行，沒有外來的干預。其原理是利用對未來預期收益的追求來減少雙方的違約意願。本節引入關係激勵契約，並且證明其可以引導委託企業和 MSSP 雙方的投入達到社會最優水平。和普通賠償契約一樣，委託企業作為 Stackelberg 領導者給 MSSP 提供雙邊契約。但是和普通賠償契約不一樣的是，在關係激勵契約中，賠償比例固定為 $\varphi = 1$ 以及委託企業當前的投

入水平的選擇會持續影響企業未來的收益。關係激勵契約中的重複博弈會給 MSSP 使用一些統計測試的機會來推斷外包企業是否選擇契約規定的投入水平。一旦委託企業沒有選擇規定的投入水平，那麼 MSSP 在未來將不會再選擇關係激勵契約，而一直選擇普通賠償契約。

因為 MSSP 承擔了所有風險，MSSP 的期望收益為

$$U_M(e_M, e_F) = f - (1 - P(e_M, e_F))d - C_M(e_M) \tag{5.73}$$

如果 MSSP 相信委託企業選擇了關係激勵契約規定的投入水平 $\hat{e}_F$ 和固定支付 $\hat{f}$，那麼其一階最優條件為

$$\frac{\partial P(\hat{e}_M, \hat{e}_F)}{\partial \hat{e}_M}d - \frac{\partial C_M(\hat{e}_M)}{\partial \hat{e}_M} = 0 \tag{5.74}$$

如果委託企業違反了契約約定，沒有選擇規定的投入水平，其期望收益就會變為

$$V - \hat{f} - C_F(\tilde{e}_F) + \sum_{t=1}^{\infty} \delta^t [V - (1 - P(e_M^*, e_F^*))d - C_F(e_F^*) - C_M(e_M^*) - \bar{u}]$$

$$= V - \hat{f} - C_F(\tilde{e}_F) + \frac{\delta}{1-\delta}[V - (1 - P(e_M^*, e_F^*))d - C_F(e_F^*) - C_M(e_M^*) - \bar{u}]$$

$$\tag{5.75}$$

其中 δ 代表貼現因子，$\delta \in [0, 1]$。

如果委託企業沒有違反契約規定的投入水平，其期望收益為

$$V - \hat{f} - C_F(\hat{e}_F) + \sum_{t=1}^{\infty} \delta^t [V - (1 - P(\hat{e}_M, \hat{e}_F))d - C_F(\hat{e}_F) - C_M(\hat{e}_M) - \bar{u}]$$

$$= V - \hat{f} - C_F(\hat{e}_F) + \frac{\delta}{1-\delta}[V - \hat{f} - C_F(\hat{e}_F)] \tag{5.76}$$

優化問題 3：關係激勵契約

$$\max_{\hat{e}_F, \hat{f}} = V - \hat{f} - C_F(\hat{e}_F) \tag{5.77}$$

$$\text{s.t.} \quad \frac{\partial P(\hat{e}_M, \hat{e}_F)}{\partial \hat{e}_M}d - \frac{\partial C_M(\hat{e}_M)}{\partial \hat{e}_M} = 0 \tag{5.78}$$

$$\hat{f} - (1 - P(\hat{e}_M, \hat{e}_F))d - C_M(\hat{e}_M) \geqslant \bar{u} \tag{5.79}$$

$$V - \hat{f} - C_F(\tilde{e}_F) + \frac{\delta}{1-\delta}[V - (1 - P(e_M^*, e_F^*))d - C_F(e_F^*) - C_M(e_M^*) - \bar{u}]$$

$$\leq V - \hat{f} - C_F(\hat{e}_F) + \frac{\delta}{1-\delta}[V - \hat{f} - C_F(\hat{e}_F)] \quad (5.80)$$

$$V - \hat{f} - C_F(\hat{e}_F) \geq V - (1 - P(e_M^*, e_F^*))d - C_F(e_F^*) - C_M(e_M^*) - \bar{u} \quad (5.81)$$

和優化問題 2 一樣進行處理，約束條件 (5.79) 被看作是緊的，則可以得到

$$\hat{f} = (1 - P(\hat{e}_M, \hat{e}_F))d + C_M(\hat{e}_M) + \bar{u} \quad (5.82)$$

將式 (5.82) 代入到優化問題 3，優化問題 3 可以簡化為優化問題 4。

$$\max_{\hat{e}_F} = V - (1 - P(\hat{e}_M, \hat{e}_F))d - C_M(\hat{e}_M) - C_F(\hat{e}_F) - \bar{u} \quad (5.83)$$

$$\text{s.t.} \quad \frac{\partial P(\hat{e}_M, \hat{e}_F)}{\partial \hat{e}_M}d - \frac{\partial C_M(\hat{e}_M)}{\partial \hat{e}_M} = 0 \quad (5.84)$$

$$-C_F(\tilde{e}_F) + \frac{\delta}{1-\delta}[V - (1 - P(e_M^*, e_F^*))d - C_F(e_F^*) - C_M(e_M^*)]$$

$$\leq -C_F(\hat{e}_F) + \frac{\delta}{1-\delta}[V - (1 - P(\hat{e}_M, \hat{e}_F))d - C_F(\hat{e}_F) - C_M(\hat{e}_M)] \quad (5.85)$$

$$V - (1 - P(\hat{e}_M, \hat{e}_F))d - C_M(\hat{e}_M) - C_F(\hat{e}_F) - \bar{u} \geq V - (1 - P(e_M^*, e_F^*))d - C_F(e_F^*) - C_M(e_M^*) - \bar{u} \quad (5.86)$$

約束條件 (5.86) 總是成立的，因為合作最優選擇下的期望收益總是大於其他情形下的期望收益。因此，如果在關係激勵契約下委託企業選擇社會最優投入水平，並且必要條件 (5.85) 是滿足的，那麼 MSSP 一定會選擇社會最優投入水平。根據式 (5.85)，我們能夠得到簡單的必要條件，

$$\delta \geq \frac{C_F(e_F^{FB})}{[(1-P(e_M^*, e_F^*))d - C_M(e_M^*) - C_F(e_F^*)] - [(1-P(e_M^{FB}, e_F^{FB}))d - C_M(e_M^{FB}) - C_F(e_F^{FB})] + C_F(e_F^{FB})}$$

因為

$$[(1-P(e_M^*, e_F^*))d - C_M(e_M^*) - C_F(e_F^*)] - [(1-P(e_M^{FB}, e_F^{FB}))d - C_M(e_M^{FB}) - C_F(e_F^{FB})] > 0$$，那麼 $\delta \in (0,1)$。

定理 5.6 在一定的條件下，關係激勵契約能夠避免雙邊道德風險問題，並且激勵委託企業和 MSSP 選擇社會最優投入水平，並有效地提升個體和社會福利。

5.4 案例分析

本章研究內容對信息系統安全外包過程中契約設計問題和企業信息系統安全管理有多方面的實際意義。

例如某企業進行信息系統安全外包決策，希望通過契約設計來解決信息不對稱問題，即委託企業和安全管理服務提供商通過契約設計來協調它們的投入水平以達到更好的安全水平。

首先，當企業決定外包其安全服務前，應該對企業的信息系統安全的要求進行界定，明確自己的安全需求。這些要求應該建立在企業信息系統特點和背景環境基礎之上，包含服務水平協議以及每個安全子功能的要求，並成為將來對信息系統安全外包服務的衡量標準。此外，必須對外包的過程進行積極的和週期性的安全審計和監督。審計方應該為第三方組織，審計工作也應該有相應的標準。

其次，進行外包契約的設計。設計過程中要結合安全管理外包的功能和企業自身信息系統安全管理的需求等，而且需要考慮外包商的特點，初步提出多個契約設計方案，以便從中選擇最優的契約方案。在契約的選擇上並不能僅僅局限於懲罰契約，有時選擇合適的獎懲結合契約更能提高激勵的效果。

再次，在信息系統安全服務運作過程中，要建立定期報告和審計制度。其目的是建立有效的反饋機制。MSSP 的運行及其提供的報告必須通過詳細地審計。這項工作可以由一個獨立的第三方進行。通過這方面工作可以對信息系統安全管理服務商進行獎懲。

最後，如果信息系統安全管理服務商和委託企業之間是長期合作關係，那

麼由關係契約維繫的持續合作關係有利於克服正式契約在適用性方面的局限，因此能夠彌補正式契約在實際應用中的不足。

5.5 本章小結

信息系統安全管理外包正式成為越來越多企業實施信息系統安全管理的方式。本章在考慮了信息系統安全管理服務提供商的單邊道德風險和雙邊道德風險的基礎上，對企業信息系統安全管理外包過程中的契約設計問題進行了研究。目前，國內外相關研究成果較少，Cezar et al.（2009）研究了企業全部外包的契約模型設計問題，而幾乎沒有文章涉及部分外包和雙邊道德風險下的契約設計問題。因此，本章研究了防禦和檢測兩種技術配置下存在外包商單邊道德風險的契約設計問題。而對於雙邊道德風險，本書嘗試著通過關係契約的合理設計來解決問題。

本章的研究主要得到以下結論：①目前比較常見的懲罰契約模式並不能得到社會福利最大化的均衡值，且委託企業的效用也並非最大化；部分外包契約要強於一般懲罰契約，然而只有包含獎懲的全部外包契約才能達到最優防禦和檢測水平，且實現委託企業收益最大化。②普通賠償契約並不能阻止雙邊道德風險；在一定的條件下，關係激勵契約能夠規避雙邊道德風險，促進雙方投入最優投入水平，提升社會福利且委託企業獲得最高的收益。

6 保險背景下的信息系統安全投資激勵機制

在網路互聯環境下，企業信息系統的安全不是孤立的，而是相互影響的，企業信息系統安全投資具有外部性，類似於公共產品特徵。企業在信息系統安全投資時會忽略其他企業的邊際外部成本或收益，這種負外部性特徵會導致企業自我防禦投資低於社會最優投資水平，從而影響社會福利最大化的實現。本書研究信息系統安全保險背景下的信息系統安全投資激勵機制。主要關注於信息系統安全投資激勵的問題，運用博弈論研究了信息系統安全關聯企業之間安全投資上的納什均衡，發現在非合作條件下，可能存在投資不足的問題，並從理論上分析保險契約設計、政府補貼等外部機制對信息系統安全投資的影響。

6.1 問題描述

信息系統安全管理的任務是保護信息資產，以防止偶然的或未經授權者對信息的惡意洩露、修改和破壞，從而導致信息的不可靠或者無法處理等問題。通過合理的信息系統安全投資可以有效對抗風險。對企業來說，可以通過投資避免風險、降低風險或者轉移風險。一般而言，完全避免風險是不可行的，至今沒有任何方法能百分之百的避免風險。目前可以考慮的途徑就是通過支付一

定的保費使企業的信息系統安全剩餘風險轉移給第三方的保險機構。

信息系統安全保險是一種轉移信息系統安全風險的有效工具。在這一步決策中主要是使投資在安全技術方面和信息系統安全保險方面有效分配。在一定的信息系統脆弱性水平下，高水平的信息安全技術投資將導致低水平信息系統安全保險投資水平，低水平的信息安全技術投資將導致高水平信息系統安全保險投資水平。一般而言，安全技術投資能夠降低信息系統安全事件發生的可能性，而信息系統安全保險則降低安全事件發生造成的經濟損失。在權衡這兩項投資時往往需要採取成本-收益分析，從而實現最優的風險安排，使剩餘風險控制在可接受的水平。

企業因黑客入侵遭受損失的概率不但受企業自身信息系統安全水平的影響，也受其所處的網路環境或者關聯公司的安全投入的影響，每個主體因為沒有考慮自身行動的真實社會成本而導致投資不足，這就產生了所謂的負外部性。由於負外部性的存在，有必要通過一定的激勵機制來促進企業的投資，以期達到社會整體最優化水平。

本書主要考慮信息系統安全保險背景下的信息系統安全投資激勵機制。包含兩個方面的研究：一是保險契約的設計，即設計信息系統安全保險作為信息系統安全投資激勵機制，考慮如何通過信息系統安全保險來內部化信息系統安全的負外部性，從而改善企業和社會福利。二是政府對企業自我防禦投資的補貼設計。一般而言，針對關聯企業非合作條件下可能存在投資不足的問題，政府可以通過強制責任、罰款和補貼、第三方檢查等外部機制對信息系統安全投資產生影響。本書僅僅在補貼方面進行研究，考慮通過政府對企業自我防禦投資進行合理的補貼，以促進社會最優水平的實現。

6.2 基於保險免賠制度的信息系統安全投資激勵機制

6.2.1 基本模型和假設

考慮一個網路群體有 N 個同樣的企業,每個企業都擁有初始的財富值 w_0。在黑客攻擊的情況下,假設企業 i 在被黑客成功入侵後遭受經濟損失為 $L \in (0, w_0)$,標記未進行自我防禦投資時企業信息系統脆弱性水平為 p_0。假設存在技術防禦市場和信息系統安全保險市場,企業投資於自我防禦技術降低了損失發生的概率,而投資於信息系統安全保險則轉移了信息系統安全風險。降低企業 i 的信息系統脆弱性水平到 p_i 的成本為 $r(p_0 - p_i)$ ($r(0) = 0$, $r' > 0$, $r'' > 0$),企業以公平保費 P 購買保險責任 I,由於保險是完全公平的,因此對於風險規避的企業而言,不論自我防禦投資水平如何,採取完全保險是其最優策略,即 $I^* = L$。

根據 Shetty 和 Schwartz (2010) 的研究,同樣假設企業 i 被黑客成功入侵的概率 p 依賴於兩種因素:自身的信息系統脆弱性水平 p_i,為企業 i 可控的因素;整個網路的平均脆弱性水平為 $\bar{p}$,依賴於網路中所有企業的安全選擇。這裡定義整個網路的平均脆弱性水平為網路中所有企業的信息系統脆弱性的平均水平,即 $\bar{p} = \frac{1}{N} \sum_{i=1,\cdots N} p_i$。假設 N 是非常大的,即每個企業對 $\bar{p}$ 的作用都是微不足道的,因此對每個企業來說都可以把網路的平均脆弱性水平 $\bar{p}$ 看作是既定的。

根據假設,定義企業 i 被黑客成功入侵的概率 $p = p_i \bar{p}$,這種情況下,企業的財富值變為 $w_0 - r(p_0 - p) - P - L + I$,完全公平的保費為 $P = p_i \bar{p} I$。因此企業的最優策略是購買全額保險,即 $I^* = L$。在全額保險情形下,企業的最終財富值變為:$W_i = W(p_i, \bar{p}) = w_0 - r(p_0 - p) - p_i \bar{p} L$。

接下來,分別考慮在合作最優水平和非合作博弈下的企業自我防禦投資,

並對兩種情形下的信息系統脆弱性水平進行對比。

6.2.2 合作最優水平下的自我防禦投資

如果網路中的所有企業能夠合作決定最優的投資水平，則在最優水平上 $p_i = \bar{p} = p$，因為 $W_i = W(p_i, \bar{p}) = w_0 - r(p_0 - p) - p_i\bar{p}L$，則總體最優狀態 $W^{soc} = w_0 - r(p_0 - p) - p^2 L$

總的財富值關於 p 的一階和二階導數分別為

$$\frac{\partial W^{soc}}{\partial p} = r'(p_0 - p) - 2pL = 0 \tag{6.1}$$

$$\frac{\partial^2 W^{soc}}{\partial p^2} = -r''(p_0 - p) < 0 \tag{6.2}$$

從式（6.1）和式（6.2）可以看出，總的財富水平在全局上是凸的，意味著存在唯一解。標記由方程 $r'(p_0 - p) - 2pL = 0$ 決定的唯一最優解為 p_{FB}^*。

如果 $r'(0) \geq 2p_0 L$，則不進行自我防禦投資是最優策略，即 $p_{FB}^* = p_0$。$2p_0 L$ 代表在所有企業都不進行自我防禦投資情形下的企業 i 期望的損失。在這種情況下，針對自我防禦的每單位投資的邊際成本大於在這個成本下的由降低信息系統脆弱性所帶來的邊際收益。否則，最優解由 $r'(p_0 - p_{FB}) = 2p_{FB}L$ 來確定。

6.2.3 非合作納什均衡下的自我防禦投資

在非合作的情形下，網路中的所有企業不能在自我防禦投資上達成有效的協議，所以形成純戰略納什均衡。企業 i 針對整個網路的脆弱性水平的最優反應函數可以表示為以下形式：

$$p_i^*(\bar{p}) \in \arg\max_{p_i} W_i(p_i, \bar{p}) = w_0 - r(p_0 - p_i) - p_i\bar{p}L$$

其一階條件為 $r'(p_0 - p) = pL$ (6.3)

標記（6.3）決定的唯一解為 p_{SB}。

定理6.1 企業與網路其他主體在自我防禦上的投資是戰略替代的。

證明：由式（6.3）可以得到，$-p_i'(\bar{p})r''(p_0 - p_i^*(\bar{p})) = L$

可推得 $p_i{'}(\bar{p}) = \dfrac{-L}{r''(p_0 - p_i^*(\bar{p}))} < 0$

從定理6.1可以看出，關聯企業增加自我防禦投資可能會導致本企業在自我防禦上減少投資。

定理6.2 非合作博弈下的信息系統安全水平嚴格小於合作博弈下的信息系統安全水平。

證明：由式（6.1）得到 $r'(p_0 - p_{FB}) = 2p_{FB}L > p_{FB}L$ (6.4)

由式（6.3）得到 $r'(p_0 - p_{SB}) = p_{SB}L$ (6.5)

比較式（6.4）和式（6.5）可以推斷出 $p_{SB} > p_{FB}$。

定理6.2表明如果網路中互聯企業能通過一定的協議而共同進行投資決策，那麼結果是企業在自我防禦上投入更多，從而帶來更高的安全水平。究其原因，通過合作影響個體企業信息系統安全自我防禦投資的網路整體脆弱性因素被內在化了，從而消除了投資的抑制因素。非合作時，企業在信息系統安全投資時會忽略其他企業的邊際外部成本或收益，導致企業自我防禦投資低於合作情形下的最優投資水平。

6.2.4 基於保險免賠額的福利提升

通過上述分析得出結論：如果關聯企業之間在信息系統安全自我防禦投資方面不能進行有效合作，那麼其在自我防禦投資水平上是潛在不足的。因此，需要研究如何通過一定的保險契約機制對企業自我防禦投資進行激勵，從而提升企業個體和整體福利。我們的研究表明含有一定的保險免賠額的信息系統安全保險可以作為促進信息系統安全自我防禦投資激勵機制。

定理6.3 最優免賠額是嚴格正的必要條件是

$r''(p_0 - p_{SB}^*(0))(1 - p_{SB}^{*2}(0)) > p_{SB}^{*2}(0)(2p_{SB}^{*2}(0) - 1)L$

證明：在非合作博弈情形下，企業不能達成最優自我防禦投資水平的協議。可以修改保險政策，增加一個免賠額 D，則在有損失的情況下保險企業支付額為 $L - D$，如表6.1所示。

表 6.1　　　　　　　企業的損失概率和最終的財富分佈

事件	概率	最終財富
有損失	$p_i \bar{p}$	$w_0 - r(p_0 - p) - P(D) - D$
沒有損失	$1 - p_i \bar{p}$	$w_0 - r(p_0 - p) - P(D)$

則公平的保費為 $P(D) = p_i \bar{p}(L - D)$。

企業最終財富的期望效用為

$$EU_i(p_i, p_{-i}, D) = (1 - p_i p_{-i}) u(w_0 - r(p_0 - p_i) - P(D)) + p_i p_{-i} u(w_0 - r(p_0 - p_i) - P(D) - D) \tag{6.6}$$

企業的最佳反應方程為 $p_i^*(p_{-i}, D) \in \arg\max_{p_i} EU_i(p_i, p_{-i})$。記 $p_{SB}^*(D)$ 為對稱的納什均衡，即 $p_{SB}^*(D) = p_i^*(p_{SB}^*(D), D)$。

$EU_i(p_i, p_{-i}, D)$ 對 p_i 求導，得到

$$p_{SB}^*(D)(u(w_0 - r(p_0 - p_{SB}^*(D)) - P(D) - D) - u(w_0 - r(p_0 - p_{SB}^*(D)) - P(D))) + (1 - p_{SB}^{*2}(D))(r'(p_0 - p_{SB}^*(D)) - p_{SB}^*(D)(L - D)) u'(w_0 - r(p_0 - p_{SB}^*(D)) - P(D)) + p_{SB}^{*2}(D)(r'(p_0 - p_{SB}^*(D)) - p_{SB}^*(D)(L - D)) u'(w_0 - r(p_0 - p_{SB}^*(D)) - P(D) - D) = 0 \tag{6.7}$$

在 $D = 0$ 情形下，得到條件 $r'(p_0 - p_{SB}^*(0)) - p_{SB}^*(0) L = 0$。

在任何免賠額 D 下，企業期望效用水平為

$$EU_i(p_{SB}^*(D), p_{SB}^*(D), D) = (1 - p_{SB}^{*2}(D)) u(w_0 - r(p_0 - p_{SB}^*(D)) - P(D)) + p_{SB}^{*2}(D) u(w_0 - r(p_0 - p_{SB}^*(D)) - P(D) - D)$$

期望效用在 $D = 0$ 對免賠額 D 進行求導得到，

$$\frac{\partial EU_i(p_{SB}^*(D), p_{SB}^*(D), D)}{\partial D}$$

$$= -2 p_{SB}^*(D) p_{SB}^{*'}(D) u(w_0 - r(p_0 - p_{SB}^*(D)) - P(D))$$

$$+ (1 - p_{SB}^{*2}(D)) u'(w_0 - r(p_0 - p_{SB}^*(D)) - P(D))(r'(p_0 - p_{SB}^*(D)) p_{SB}^{*'}(D) - P'(D))$$

$$+ 2 p_{SB}^*(D) p_{SB}^{*'}(D) u(w_0 - r(p_0 - p_{SB}^*(D)) - P(D) - D)$$

$$+ p_{SB}^{*2}(D) u'(w_0 - r(p_0 - p_{SB}^*(D)) - P(D))(r'(p_0 - p_{SB}^*(D)) p_{SB}^{*'}(D) - P'(D) - 1)$$

$$= u'(w_0-r(p_0-p_{SB}^*(D))-P(D))(r'(p_0-p_{SB}^*(D))p_{SB}^{*'}(D)-P'(D))$$
$$-p_{SB}^{*2}(D)u'(w_0-r(p_0-p_{SB}^*(D))-P(D))$$

進一步簡化后得到

$$\left.\frac{\partial EU_i(p_{SB}^*(D),p_{SB}^*(D),D)}{\partial D}\right|_{D=0} = p_{SB}^*(0)p_{SB}^{*'}(0)Lu'(w_0-r(p_0-p_{SB}^*(0))-P(0))$$

（6.7）對 D 求導

$$p_{SB}^{*'}(D)(u(w_0-r(p_0-p_{SB}^*(D))-P(D)-D)-u(w_0-r(p_0-p_{SB}^*(D))-P(D))$$
$$+p_{SB}^*(D)[p_{SB}^{*'}(D)r'(p_0-p_{SB}^*(D))-P'(D)-1)u'(w_0-r(p_0-p_{SB}^*(D))-P(D)-D)$$
$$-p_{SB}^{*'}(D)r'(p_0-p_{SB}^*(D))-P'(D))u'(w_0-r(p_0-p_{SB}^*(D))-P(D))]$$
$$+[-2p_{SB}^*(D)p_{SB}^{*'}(D)(r'(p_0-p_{SB}^*(D))-p_{SB}^*(D)(L-D))$$
$$+(1-p_{SB}^{*2}(D))(-p_{SB}^{*'}(D)r''(p_0-p_{SB}^*(D))-p_{SB}^{*'}(D)(L-D)+p_{SB}^*(D))]$$
$$\times u'(w_0-r(p_0-p_{SB}^*(D))-P(D))$$
$$+(1-p_{SB}^{*2}(D))(r'(p_0-p_{SB}^*(D))-p_{SB}^*(D)(L-D))(p_{SB}^{*'}(D)r'(p_0-p_{SB}^*(D))-P'(D))$$
$$\times u''(w_0-r(p_0-p_{SB}^*(D))-P(D))$$
$$+[2p_{SB}^*(D)p_{SB}^{*'}(D)(r'(p_0-p_{SB}^*(D))-p_{SB}^*(D)(L-D))$$
$$+p_{SB}^{*2}(D)(-p_{SB}^{*'}(D)r''(p_0-p_{SB}^*(D))-p_{SB}^{*'}(D)(L-D)+p_{SB}^*(D))]$$
$$\times u'(w_0-r(p_0-p_{SB}^*(D))-P(D)-D)$$
$$+p_{SB}^{*2}(D)(r'(p_0-p_{SB}^*(D))-p_{SB}^*(D)(L-D))(p_{SB}^{*'}(D)r'(p_0-p_{SB}^*(D))-P'(D)-1)$$
$$\times u''(w_0-r(p_0-p_{SB}^*(D))-P(D)-D)$$
$$= 0 \tag{6.8}$$

從而得到

$$-p_{SB}^*(D)u'(w_0-r(p_0-p_{SB}^*(D))-P(D))$$
$$+(-p_{SB}^{*'}(D)r''(p_0-p_{SB}^*(D))-p_{SB}^{*'}(D)(L-D)+p_{SB}^*(D))u'(w_0-r(p_0-p_{SB}^*(D))-P(D))$$

即 $p_{SB}^{*'}(D)[L+r''(p_0-p_{SB}^*(D))]=0$

可以看出當 $D=0$ 時，$p_{SB}^{*'}(0)[L+r''(p_0-p_{SB}^*(0))]=0$

因為 $r''(p_0 - p_{SB}^*(0)) > 0$, $L > 0$, 即說明 $p_{SB}^{*'}(0) = 0$, 則

$$\left.\frac{\partial EU_i(p_{SB}^*(D), p_{SB}^*(D), D)}{\partial D}\right|_{D=0} = p_{SB}^*(0)p_{SB}^{*'}(0)Lu'(w_0 - r(p_0 - p_{SB}^*(0)) - P(0)) = 0$$

為了考察 D 在等於 0 處的微小變化對期望效用的影響，求期望效用的二階導數。

$$\left.\frac{\partial^2 EU_i(p_{SB}^*(D), p_{SB}^*(D), D)}{\partial D^2}\right|_{D=0}$$
$$= u'(w_0 - r(p_0 - p_{SB}^*(0)) - P(0))(-p_{SB}^*(0))p_{SB}^{*''}(0)L$$
$$+ u''(w_0 - r(p_0 - p_{SB}^*(0)) - P(0))p_{SB}^{*2}(0)(1 - p_{SB}^{*2}(0)) \quad (6.9)$$

(6.8) 在 $D = 0$ 處對 D 求導，得到

$$p_{SB}^*(0)((1 - p_{SB}^{*2}(0))^2 + p_{SB}^{*4}(0))u''(w_0 - r(p_0 - p_{SB}^*(0)) - P(0))$$
$$- p_{SB}^{*''}(0)(L + r''(p_0 - p_{SB}^*(0)))u'(w_0 - r(p_0 - p_{SB}^*(0)) - P(0))$$

即 $p_{SB}^{*''}(0) = \dfrac{p_{SB}^*(0)((1-p_{SB}^{*2}(0))^2 + p_{SB}^{*4}(0))u''(w_0 - r(p_0 - p_{SB}^*(0)) - P(0))}{(L + r''(p_0 - p_{SB}^*(0)))u'(w_0 - r(p_0 - p_{SB}^*(0)) - P(0))}$

因為 $p_{SB}^*(0) > 0$, $(1 - p_{SB}^{*2}(0))^2 + p_{SB}^{*4}(0) > 0$, $u''(w_0 - r(p_0 - p_{SB}^*(0)) - P(0)) < 0$, $L + r''(p_0 - p_{SB}^*(0)) > 0$, $u'(w_0 - r(p_0 - p_{SB}^*(0)) - P(0)) < 0$, 從而可以推斷出

$$p_{SB}^{*''}(0) < 0 \quad (6.10)$$

將式 (6.10) 代入式 (6.9) 得到

$$\left.\frac{\partial^2 EU_i(p_{SB}^*(D), p_{SB}^*(D), D)}{\partial D^2}\right|_{D=0}$$
$$= p_{SB}^{*2}(0)(1 - p_{SB}^{*2}(0) - \frac{((1-p_{SB}^{*2}(0))^2 + p_{SB}^{*4}(0))L}{L + r''(p_0 - p_{SB}^*(0))})u''(w_0 - r(p_0 - p_{SB}^*(0)) - P(0))$$

因此 $\left.\dfrac{\partial^2 EU_i(p_{SB}^*(D), p_{SB}^*(D), D)}{\partial D^2}\right|_{D=0} > 0$ 的充分條件是

$$r''(p_0 - p_{SB}^*(0))(1 - p_{SB}^{*2}(0)) > p_{SB}^{*2}(0)(2p_{SB}^{*2}(0) - 1)L \quad (6.11)$$

從定理6.3可以看出，$p_{SB}^*(0)$ 和 L 越小，最優免賠額更容易表現為正值。而 $r''(p_0 - p_{SB}^*(0))$ 表示成本函數的凸性，凸度越大最優免賠額也更容易為正。

推理6.1 充分條件（6.11）不依賴於企業效用函數的任何形式。

推理6.2 當 $p_{SB}^* < \frac{\sqrt{2}}{2}$ 時，企業在含有保險免賠額的情況下的自我防禦的投資額大於在全部保險損失賠償下的自我防禦投資額，即定理6.3是一定成立的。因為 $p_{SB}^* < p_0$，所以當 p_0 不是特別大的時候，含有保險免賠額的信息系統安全保險能夠有效地激勵企業投資於自我防禦，從而提升個體和社會整體福利。

6.3 基於政府補貼的信息系統安全投資激勵機制

6.3.1 基本概念和模型描述

本書從最簡單的模型開始，只考慮兩個企業（i, j），兩個企業通過一定的網路互聯。每個企業受到兩種可能的損失，直接損失和間接損失[71]。直接損失為黑客或者計算機病毒直接入侵造成的損失，而間接損失是由於互聯企業先受到入侵，繼而由於互聯性而遭到病毒傳染造成的損失。因此可以看出，如果兩個企業之間沒有互聯則不存在間接損失。為了保護自己的信息系統安全，企業有必要通過投資於信息安全技術來降低黑客成功入侵的概率，以期減少企業的損失。這裡標記企業 i 遭受直接損失的概率為 $p_i(z_i)$，其中 z_i 為企業 i 自我防禦投資水平。假設 $p_i(z_i)$ 為二階可微的，遞減的凸函數，即 $p'_i(z_i) < 0$，$p''_i(z_i) > 0$。這說明每個企業遭受直接損失的概率隨著自我防禦投資的增加而減少，但是其效果是邊際遞減的。

一個企業遭受成功入侵而傳染給另外一個企業的概率為 q。因此根據 Cavusoglu 和 Mishra（2005）的研究，同樣假設企業 i 被黑客成功入侵的總概率 B_i 依賴於兩種因素：企業 i 自我防禦投入水平 z_i，為企業 i 可控的因素；企業 j 自

我防禦投入水平 z_j，為企業 j 可控的因素。因此 B_i 可以定義為如下形式：

$$B_i(z_i, z_j) = p(z_i) + (1 - p(z_i))qp(z_j) = 1 - (1 - p(z_i))(1 - qp(z_j))$$

(6.12)

式 (6.12) 中，$(1 - p(z_i))(1 - qp(z_j))$ 是企業 i 既不受到直接入侵也不受到間接入侵的概率。

$B_i(z_i, z_j)$ 具有如下性質：

$$\left|\frac{\partial B_i}{\partial z_i}\right| = p'(z_i)(1 - qp(z_j)) < 0$$

$$\left|\frac{\partial B_i}{\partial z_j}\right| = p'(z_j)(1 - p(z_i)) < 0$$

$$\left|\frac{\partial B_i}{\partial q}\right| = p(z_j)(1 - p(z_i)) > 0$$

這三個不等式表明傳染率增大會增大每個企業的遭受損失的概率，增加一個企業的自我防禦投資水平能夠降低其他企業遭受損失的概率。

與文獻 Zhuang, Bier, Gupta (2007) 類似，本書定義企業考慮每個企業都擁有初始的財富值 w_i 和效用函數 $U(\cdot)$。假設企業是理性的和風險規避的，即企業的效用函數是遞增的和凹的（$U'(\cdot) > 0$，$U''(\cdot) < 0$），並具有常數絕對風險規避（CARA），風險規避係數 $r = -U''/U'$。企業 i 在被黑客成功入侵後遭受經濟損失為 $L \in (0, w_i)$。假設存在技術防禦市場和信息系統安全保險市場，企業投資於自我防禦技術降低了損失發生的概率，而投資於信息系統安全保險則轉移了信息系統安全風險。

在信息系統安全保險市場中，企業 i 的保費支付為 $\pi_i I_i$。其中 π_i 是保險的定價（即企業為了規避一定的損失而最大意願支付），I_i 是企業 i 遭受信息系統安全損失後所得到的保險企業的補償。如果一個企業參加信息系統安全保險，那麼在一個階段開始的時候支付保費 $\pi_i I_i$，在遭受信息系統安全事件後即可得到補償 I_i。但是在現實中，保費往往包含一個加載因子 λ，因此保險定價可以表示為 $\pi_i = (1 + \lambda)B_i$（一般而言，如果信息系統安全保險市場存在很多保險公

司，競爭很激烈，那麼加載因子 λ 就越可能趨向於 0)。

接下來，考慮兩個企業能夠通過自我防禦投資和投保來管理信息系統安全風險。根據假設，如果企業 i 遭受安全事件，那麼其效用函數 U_L 為 $U_i(\omega_i - L_i + (1-\pi_i)I_i - z_i)$；如果沒有安全事件發生，那麼其效用函數 U_N 為 $U_i(\omega_i - \pi_i I_i - z_i)$。

因此，企業 i 期望效用最大化可以表示為：

$$\max_{z_i, I_i} B_i(z_i, z_j) U_i(\omega_i - L_i + (1-\pi_i)I_i - z_i) + (1 - B_i(z_i, z_j)) U_i(\omega_i - \pi_i I_i - z_i)$$

其中，$B_i(z_i, z_j) = 1 - (1 - p(z_i))(1 - qp(z_j))$

接下來，分別考慮在非合作博弈下和合作最優水平下的企業自我防禦投資和網路保險保額，並對兩種情形下的自我防禦投資水平和網路保險保額進行對比。

6.3.2 非合作博弈情形

在非合作的情形下，網路中的所有企業不能在自我防禦投資和信息系統安全保險採購上達成有效的協議，所以形成純戰略納什均衡。企業 i 針對整個網路的脆弱性水平的最優反應函數可以表示為以下形式：

$$\max_{z_i, I_i} (1 - (1 - p(z_i))(1 - qp(z_j))) U_i(\omega_i - L_i + (1-\pi_i)I_i - z_i) + (1 - p(z_i))(1 - qp(z_j) U_i(\omega_i - \pi_i I_i - z_i)) \quad (6.13)$$

根據 Anderson 和 Moore (2006) 的研究，本書運用泰勒級數近似

$$U_N \approx U_L + U'_L(L_i - I_i), \quad U'_N \approx U'_L + U''_L(L_i - I_i) \quad (6.14)$$

(6.13) 對 I_i 求導，得到一階條件，

$$(1-(1-p(z_i))(1-qp(z_j)))U'_L(1-(1+\lambda)(1-(1-p(z_i))(1-qp(z_j)))) - (1-p(z_i))(1-qp(z_j) U'_N(1+\lambda)(1-(1-p(z_i))(1-qp(z_j))) = 0 \quad (6.15)$$

將式 (6.14) 代入式 (6.15)，得出

$$U'_L - (1 + \lambda)(U'_L + U''_L(L_i - I_i)) - (1 + \lambda)(1 - (1 - p(z_i))(1 -$$

$qp(z_j)))U''_L(L_i-I_i)=0$

進一步，$I_i = \dfrac{\lambda U'_L + (1+\lambda)U''_L L_i(1-p(z_i))(1-qp(z_j))}{(1+\lambda)U''_L(1-p(z_i))(1-qp(z_j))}$

化簡得，$I_i = L_i - \dfrac{\lambda}{r(1-p(z_i))(1-qp(z_j))(1+\lambda)}$ （6.16）

式（6.13）對 z_i 求導，得到一階條件，

$p'(z_i)(1-qp(z_j))(U_L-U_N)-((1+\lambda)p'(z_i)(1-qp(z_j))I_i+1)((1-(1-p(z_i))(1-qp(z_j)))U'_L+(1-p(z_i))(1-qp(z_j))U'_N)$

同樣，用（6.14）代入得，

$p'(z_i)(1-qp(z_j))[-U'_L(L_i-I_i)-(1+\lambda)I_i((1-(1-p(z_i))(1-qp(z_j)))U'_L$
$+(1-p(z_i))(1-qp(z_j)))(U'_L+U''_L(L_i-I_i)))$
$=(1-(1-p(z_i))(1-qp(z_j)))U'_L+(1-p(z_i))(1-qp(z_j))(U'_L+U''_L(L_i-I_i))$

從而得到

$p'(z_i)(1-qp(z_j))$
$= \dfrac{U'_L+U''_L(L_i-I_i)(1-p(z_i))(1-qp(z_j))}{-U'_L(L_i-I_i)-(1+\lambda)I_i(U'_L+U''_L(L_i-I_i)(1-p(z_i))(1-qp(z_j)))}$

（6.17）

將式（6.16）代入式（6.17），得出

$p'(z_i) = -\dfrac{1}{(1-qp(z_j))(1+\lambda)L_i}$ （6.18）

在對稱情形下，令 $z_i = z_j = z_{SB}$，因此，

$I_i = L_i - \dfrac{\lambda}{r(1-p(z_{SB}))(1-qp(z_{SB}))(1+\lambda)}$ （6.19）

$p'(z_{SB}) = -\dfrac{1}{(1-qp(z_{SB}))(1+\lambda)L_i}$ （6.20）

這裡標記式（6.19）和式（6.20）決定的最優保險購買量和信息系統安全投資水平分別為 I_{SB} 和 z_{SB}。

定理6.4 當 $\lambda > 0$ 時，與 $\lambda = 0$ 的情形相比，自我防禦投資額上升，但是

保險購買額下降。

證明：當 $\lambda = 0$ 時，$p'(z_{SB}^*) = -\dfrac{1}{(1-qp(z_{SB}^*))L_i}$，對比得出 $p'(z_{SB}^*) < p'(z_{SB})$，因為 $p'_i(z_i) < 0$，$p''_i(z_i) > 0$，所以 $z_{SB}^* > z_{SB}$。同理當 $\lambda = 0$ 時 $I_i^* = L_i$，與式（6.19）相比保險購買額下降。從定理 6.4 可以看出當保險是完全公平的，因此對於風險規避的企業而言，不論自我防禦投資水平如何，採取全額保險是其最優策略，即 $I^* = L$。

定理 6.5 當傳染風險趨於 0 時，企業信息系統安全投資額隨其風險水平的上升而增大。

證明：$\dfrac{\partial p_i'(z_i,pI)(1-qp(z_i^{pI}))}{\partial L_i} = \dfrac{1}{(1+\lambda)L_i^2}$

可以變為 $\dfrac{\partial p_i'(z_i,pI)(1-qp(z_i^{pI}))}{\partial z_i^{pI}} \dfrac{\partial z_i^{pI}}{\partial L_i} = \dfrac{1}{(1+\lambda)L_i^2}$

推得 $\dfrac{\partial z_i^{pI}}{\partial L_i} = \dfrac{1}{(1+\lambda)L_i^2(p''(z_i^{pI})(1-qp(z_i^{pI})) - p'(z_i^{pI})qp'(z_i^{pI}))}$

當 $q \to 0$ 時，$\dfrac{\partial z_i^{pI}}{\partial L_i} > 0$

當傳染風險趨於 0 時，企業的信息系統安全水平對其他企業沒有影響，也就不存在外部性，當風險增大時，企業承擔所有的風險，因此企業信息系統安全投資額隨其風險水平的上升而增大。

6.3.3 合作博弈情形

如果網路中的所有企業能夠合作決定最優的投資水平，則在最優水平上 $z_i = z_j = z$，企業 i 針對整個網路的脆弱性水平的最優反應函數可以表示為以下形式：

$$\max_{z, I_i}(1-(1-p(z))(1-qp(z)))U_i(\omega_i - L_i + (1-\pi_i)I_i - z)$$
$$+ (1-p(z))(1-qp(z)U_i(\omega_i - \pi_i I_i - z)) \qquad (6.21)$$

同樣運用泰勒級數來計算，最終得到

$$I_i = L_i - \frac{\lambda}{r(1-p(z))(1-qp(z))(1+\lambda)} \quad (6.22)$$

$$p_i'(z) = -\frac{1}{(1+q-2qp(z))(1+\lambda)L_i} \quad (6.23)$$

標記由式（6.22）和式（6.23）決定的最優保險購買量和信息系統安全投資水平分別為 I_{FB} 和 z_{FB}。

6.3.4 兩種情形下的均衡結果比較

定理 6.6 非合作博弈下的信息系統安全投資少於合作博弈下的投資額，非合作下的保險購買額小於合作下的保險購買額。

證明：比較式（6.20）和式（6.23），由於 $1-qp < 1+q-2qp$，$p_i'(z_{FB}) < p_i'(z_{SB})$（因為 $p'_i(z_i) < 0$，$p''_i(z_i) > 0$），從而推理出 $z_{FB} > z_{SB}$。

比較式（6.19）和式（6.22），當 $z_{FB} > z_{SB}$ 時，$I_{FB} > I_{SB}$。

定理 6.6 表明如果網路中互聯企業能通過一定的協議而共同進行投資決策，那麼結果是企業在自我防禦上和保險購買上投入更多，從而帶來更高的安全水平。究其原因，通過合作影響個體企業信息系統安全自我防禦投資的網路整體脆弱性因素被內在化了，從而消除了投資的抑制因素。同時因為自我防禦投資和信息系統安全保險具有互補性關係，從而社會最優保險購買也高於企業非合作情形下的對應值。

6.3.5 基於自我防禦投資補貼的福利提升

在非合作博弈情形下，企業不能達成最優自我防禦投資水平的協議，因此有必要通過激勵機制來促進整體最優解的形成。假設社會計劃者對企業每一個單位信息系統安全自我防禦投資提供補貼 $s(0 < s < 1)$，為了對沖這項補貼，政府對企業徵收定額稅 $k_i = s_i z_i$。企業 i 的期望效用為

$$\max_{z_i, I_i}(1-(1-p(z_i))(1-qp(z_j)))U_i(\omega_i - L_i + (1-\pi_i(z_i, z_j))I_i - (1-s)z_i - k_i) + (1-p(z_i))(1-qp(z_j))U_i(\omega_i - \pi_i(z_i, z_j)I_i - (1-s)z_i - k_i)$$
(6.24)

我們在最優補貼水平上得到以下定理。

定理6.7 當 $s = \dfrac{q(1-p(z_{FB}))}{1+q-2qp(z_{FB})}$ 時，企業信息系統安全投資水平和信息系統安全保額達到社會整體最優水平。

證明：式 (6.24) 對 I_i 求導，可以推得

$$I_i = L_i - \frac{\lambda}{r(1-p(z_i))(1-qp(z_j))(1+\lambda)} \tag{6.25}$$

式 (6.24) 對 z_i 求導，

$$p'(z_i)(1-qp(z_j))(U_L - U_N) - ((1+\lambda)p'(z_i)(1-qp(z_j))I_i + (1-s)((1-(1-p(z_i))(1-qp(z_j)))U'_L + (1-p(z_i))(1-qp(z_j))U'_N)$$

將式 (6.14) 代入之得到，

$$p'(z_i)(1-qp(z_j))(-U'_L(L_i - I_i) - (1+\lambda)I_i((1-(1-p(z_i))(1-qp(z_j)))U'_L + (1-p(z_i))(1-qp(z_j))(U'_L + U''_L(L_i - I_i))) = (1-s)(1-(1-p(z_i))(1-qp(z_j)))U'_L + (1-p(z_i))(1-qp(z_j))(U'_L + U''_L(L_i - I_i))$$

推得，

$$p'(z_i)(1-qp(z_j)) = \frac{(1-s)(U'_L + U''_L(L_i - I_i))p'(z_i)(1-qp(z_j))}{-U'_L(L_i - I_i) - (1+\lambda)I_i(U'_L + U''_L(L_i - I_i)p'(z_i)(1-qp(z_j)))}$$
(6.26)

將式 (6.25) 代入式 (6.26)，可推得

$$p_i'(z_i) = -\frac{1-s}{(1-qp(z_j))(1+\lambda)L_i} \tag{6.27}$$

通過式 (6.20) 和式 (6.27) 比較，可得

$$\frac{1-s}{1-qp(z_i)} = \frac{1}{1+q-2qp(z_i)}$$

從而計算出，$s^* = \dfrac{q(1-p(z_{FB}))}{1+q-2qp(z_{FB})}$，且 $0 \leqslant s \leqslant 1$。當 $s = s^*$ 時，自我防禦投資額相等，同時比較式（6.19）和式（6.25）可以看出網路保險購買額是相等的。

定理 6.7 表明在企業非合作的情形下對企業信息系統安全自我防禦投資進行補貼是最優的。政府補貼能夠有效地降低企業自我防禦投資的邊際成本。通過最優水平的補貼，由於風險相互依賴導致的邊際收益下降被補貼降低的邊際成本抵消了，從而內在化了負外部性並引導企業投資於最優自我防禦投資策略。一旦企業投資於社會最優自我防禦，其也必然購買了社會最優保險。但需強調的是在決定對企業進行補貼的政策后，社會計劃者必須能有效地獲得與企業信息系統安全有關的數據並對企業自我防禦投資額進行審核。

6.4 數值模擬和應用啟示

6.4.1 數值模擬

通過一個算例來解釋上面部分研究結果，主要目的是通過算例來評估互聯風險對企業的信息系統安全保險購買和自我保護投資的影響。假設以下參數值：$L = 0.5$，$p(z) = e^{-kz}$，$k = 3$，$\lambda = 0.1$，$r = 2$。

當檢驗 q 對保險購買、自我保護投資的影響和最優補貼水平的影響，設置 q 的變化範圍在 $[0, 0.1]$（見圖 6.1、圖 6.2、圖 6.3）。

圖 6.1 和圖 6.2 分別顯示了互聯風險對企業保險購買和自我保護投資的影響。從圖中可以看出以下結論：①不管是在非合作博弈情形下，還是在社會最優投資下，當互聯風險上升的時候，保險購買和自我保護投資都會下降；②在非合作博弈情形下，保險購買和自我保護投資都比社會最優保險購買和自我保護投資要低。

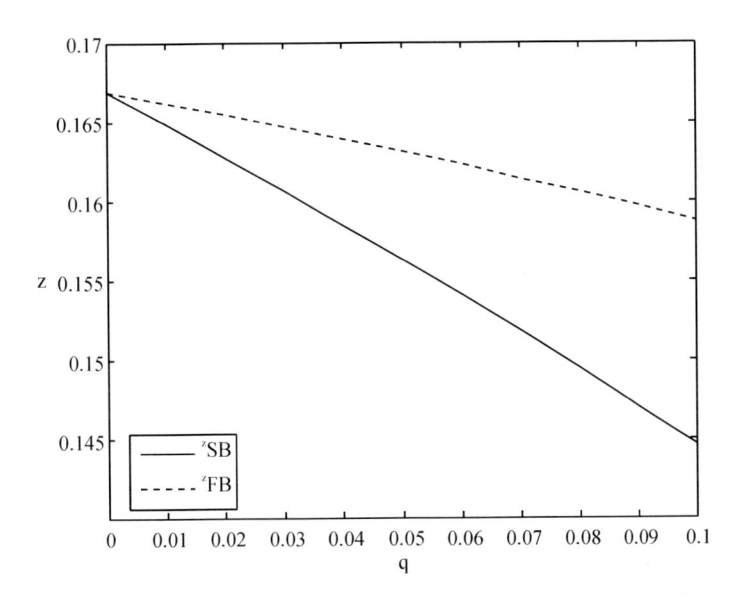

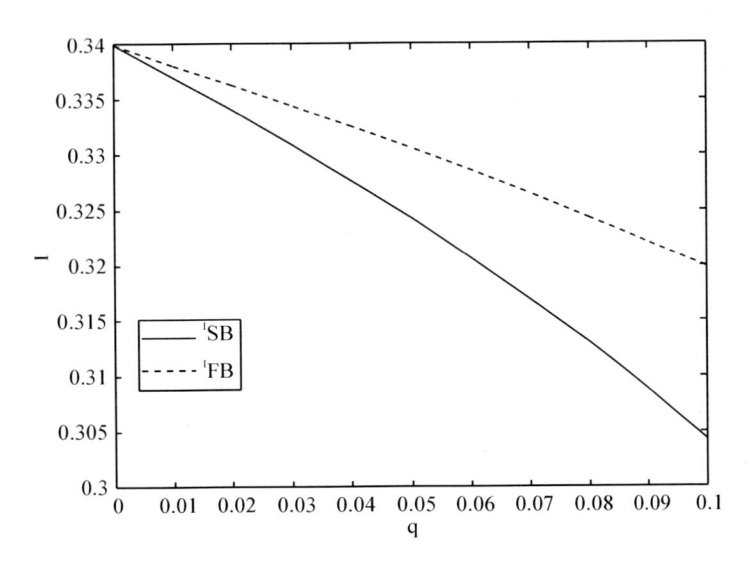

图 6.1　互联风险对企业自我保护投资的影响

註：FB 为最优投资水平，SB 为次优投资水平。

图 6.2　互联风险对企业保险购买的影响

註：FB 为最优投资水平，SB 为次优投资水平。

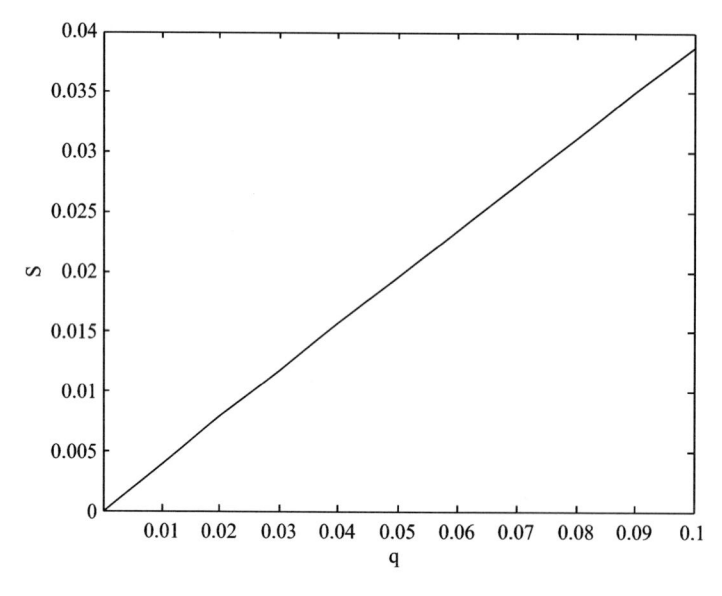

图 6.3　互联风险对最优补贴的影响

图 6.3 分别显示了互联风险对最优补贴水平的影响。在企业非合作博弈下，随著关联风险的上升，最优补贴水平也随之上升。

6.4.2　政策应用

我们的研究得出了一系列有用的结论，最重要的是对公共政策的启示。

保险行业协会可以要求保险公司的合同增加免赔额的条款，政府也可以对企业信息系统安全自我防御投资进行补贴，这些措施都有利于整体安全水平的提高并促进福利提升。在政策应用方面，通过垄断性保险公司可以来协调企业的自我防御投资，在这种情况下，信息系统安全保险公司能通过一定的保险政策来激励企业进行自我防御投资，从而能够内在化相互依赖性产生的负外部性。但是一个竞争激烈环境下的保险公司也许不能很轻易地做到这一点，因为其他保险公司不一定同意采取相同的保险政策，因此现有的不少文献都是提出信息系统安全保险公司适当的垄断可以提升网路安全水平，这有利于保险公司来干预企业的自我防御投资水平。

6.5 本章小結

目前信息系統安全保險背景下關於激勵機制方面的研究還不是很多，已有研究主要集中在利用信息系統安全的負外部性問題。一些學者也提出可以通過信息系統安全保險制度設計和補貼、罰款、強制機制來內在化這種外部性，但是他們的研究也僅僅在定性分析層面，沒有通過數學模型和實證研究。本書主要考慮信息系統安全保險背景下的激勵機制設計，考慮如何通過信息系統安全保險契約設計和政府補貼來促進企業投資於社會最優水平。

本章研究主要得到了如下結論：①企業與網路其他主體在自我防禦上的投資是戰略替代的。非合作博弈下的信息系統安全水平嚴格小於合作博弈下的信息系統安全水平。②當信息系統脆弱性不是特別大的時候，含有保險免賠額的網路安全保險能夠有效地激勵企業投資於自我防禦，從而提升企業個體和社會整體福利。且其充分條件不依賴於企業效用函數的任何形式。③當風險相互依賴程度趨於很小時，自我防禦投資水平隨其潛在安全損失的上升而提高；企業在進行信息系統安全投資時往往會忽略對其他企業的邊際外部成本或收益的影響，這種負外部性特徵會導致企業自我防禦投資和信息系統安全保險水平均低於社會最優化水平。④政府通過補貼企業自我防禦投資可以在一定程度上協調企業的風險管理決策，進而改善企業安全水平，有效提高社會福利。

7 結論與展望

7.1 本書主要結論

　　針對當前信息系統安全投資策略及風險管理研究中的重點問題，本書綜合運用博弈論、最優化理論，管理學、風險管理、金融學等學科的相關理論和方法，以企業信息系統安全問題為背景，充分考慮企業信息系統安全的特徵，通過建立數學模型，研究信息系統安全投資策略及風險管理，得到如下主要結論。

　　第一，研究了關聯企業之間互聯風險和信任風險對企業信息系統安全投資策略的影響。結論如下：①在非合作博弈情形下，對稱企業投資額相同，企業的信息系統安全投資水平隨互聯風險的增大而降低；在聯合決策情形下，一個企業的信息系統安全投資水平並不單調地隨著互聯風險的上升而上升，而是取決於信息系統脆弱性的大小；互聯風險下，企業在非合作博弈情形下的信息系統安全投資的均衡值小於社會最優水平。②在非合作博弈情形下，當信任風險上升時，企業的信息系統安全投資水平上升；在聯合決策情形下，一個企業的信息系統安全投資水平並不隨信任風險影響的增加而單調上升，而是取決於信息系統脆弱性的大小；信任風險下企業在非合作博弈情形下的信息系統安全投資的均衡值大於社會最優水平。③在兩種風險都存在時，非合作博弈情形下企業的信息系統安全投資水平隨互聯風險的增大而降低；當信任風險影響上升

时，企业的信息系统安全投资水平上升；在聯合決策情形下，一個企業的信息系統安全投資並不一定隨著互聯風險的上升而上升，或者一定隨信任風險的增加而單調上升，而是與信息系統的脆弱性水平相關。④當信任風險小於一個臨界值時，企業在非合作博弈情形下的信息系統安全投資的均衡值小於社會最優水平；而大於一個臨界值時，企業在非合作博弈情形下的信息系統安全投資的均衡值大於社會最優水平。

第二，研究了動態環境下考慮黑客不同攻擊模式的企業信息系統安全投資策略問題。結論如下：①在黑客隨機攻擊下，當信息系統安全投資率下降，病毒傳染率或者黑客學習能力上升時，信息系統脆弱性上升。當黑客學習能力上升時，信息系統安全投資率上升。當傳染率大於一個臨界值時，信息系統安全投資率上升；反之，信息系統安全投資率下降。當傳染率上升時，信息系統安全投資率下降。資產價值高的企業信息系統脆弱性要比資產價值低的企業信息系統脆弱性低。相對於非合作博弈，在合作博弈情形下，兩對稱企業分別維持更高的信息系統安全投資率。通過強加一項雙邊支付機制來影響企業的信息系統安全投資水平能夠解決投資不足的問題。②在黑客定向攻擊情形下，當信息系統安全投資率、目標的替代率下降，或者黑客學習能力上升時，信息系統脆弱性上升。當黑客學習能力上升時，信息系統安全投資率上升。當目標替代率大於一個臨界值時，信息系統安全投資率上升；反之，信息系統安全投資率下降。當目標的替代率上升時，信息系統安全投資率上升。相對於合作博弈，在非合作博弈情形下兩對稱企業分別維持更高的信息系統安全投資率；通過強加一項雙邊支付機制能夠解決過度投資問題。

第三，研究了信息系統安全外包契約設計問題。結論如下：①運用委託-代理模型分析分功能外包的情形，目前比較常見的契約模式並不能得到社會福利最大化的均衡值，且委託企業的效用也並非最大化；部分外包契約要強於一般懲罰契約，然而只有包含獎懲的全部外包契約能達到最優防禦和檢測水平，且實現委託企業收益最大化。②雙邊道德風險存在的情形下，委託企業必須和MSSP共同承擔風險；普通賠償契約並不能使雙方達到社會最優投入水平且委

託企業的投入水平隨著賠償比例的增加而降低，MSSP 的投入水平隨著賠償比例的增加而增加，雙方的最優反應函數都是單調下降的；在一定的條件下，關係激勵契約能夠避免雙邊道德風險問題，並且激勵委託企業和 MSSP 選擇社會最優投入水平。

第四，研究信息系統安全保險背景下的信息系統安全投資激勵機制。結論如下：①企業與網路其他主體在自我防禦上的投資是戰略替代的；非合作博弈下的信息系統安全水平嚴格小於合作博弈下的信息系統安全水平。當信息系統脆弱性水平比較低的時候，一定的保險免賠額的信息系統安全保險可以作為促進信息系統安全自我防禦的投資激勵機制。②當保險加成系數大於 0 時，與保險加成系數等於 0 的情形相比，自我防禦投資額上升，但是保險購買額下降；當傳染風險趨於 0 時，企業信息系統安全投資額隨其風險水平的上升而增大；非合作博弈下的信息系統安全投資少於合作博弈下的投資額，非合作下的保險購買額小於合作下的保險購買額；通過對企業信息系統安全投資進行補貼可以使企業信息系統安全投資水平和信息系統安全保險購買額達到社會整體最優水平。

7.2 本書創新點

本書的創新之處主要體現在以下幾個方面：

第一，在關聯企業信息系統安全投資方面，現有的研究主要考慮了信息系統的互聯風險，很少有文獻研究信任風險對關聯企業信息安全投資最優策略的影響，且已有文獻較少採用博弈模型進行研究。本書運用博弈論研究了關聯企業間關聯風險和信任風險兩種風險對信息系統安全投資的影響，既討論了兩企業合作博弈情況下兩種風險的影響，也對非合作情形下的均衡水平和社會最優解進行了比較研究。

第二，現有的研究主要是從靜態角度分析企業的信息系統安全投資策略，

但是鑒於信息系統安全的背景環境的複雜性和動態變化的特點，在動態框架下研究信息系統安全投資更加貼近現實。因此本書研究了動態環境下企業信息系統安全相互依賴情形中兩個企業信息系統安全投資問題。通過建立微分博弈模型探討了兩個企業合作博弈和非合作博弈時的最優行動選擇，通過對兩種情形下的博弈均衡結果進行分析和對比，得到合作解的激勵機制。

第三，雖然目前普遍認識到加強信息系統安全管理外包必須將技術和管理相結合，不能脫離安全管理模塊的功能而簡單地研究信息系統安全管理外包，但目前的研究成果中，能真正將技術配置和管理有機結合起來進行定量分析的很少，而且大多研究假定企業信息系統安全管理業務全部外包，現實中很多的企業往往是將部分信息系統安全管理外包，如只將防火牆等防禦模塊外包。同時，已有成果的獎懲機制設計也比較複雜，在現實中不容易採用。因此本書在已有研究基礎上，基於委託企業的角度對全外包和半外包契約性質和效用進行對比研究，以期幫助企業設計更合理的外包模式。另外，還首次提出關係激勵契約在信息系統安全外包中的應用。

第四，目前關於信息系統安全保險的研究主要集中在信息不對稱問題以及網路保險市場的發展問題等層面，很少有文獻考慮通過信息系統安全保險契約設計和政府補貼來解決外部性問題。本書主要考慮存在負外部性的前提下，信息系統安全保險契約設計和保險補貼政策問題，即把設計信息系統安全保險免賠額或對自我防禦進行補貼作為信息系統安全投資激勵機制，並考慮如何通過信息系統安全保險制度設計或者政府補貼來內部化信息系統安全的負外部性。

7.3 實際應用建議

通過本書的研究，對企業信息系統安全投資策略及風險管理提出如下建議：

第一，關聯企業往往由於互聯風險的存在，而對信息系統安全投資不足。

當互聯風險比較大的時候,企業間應該建立有效協調機制,以期達到最優投資水平。當互聯風險比較小的時候,合作或者協調機制帶來的收益並不是很大。但是如果互聯風險提升到一定程度的時候,合作或者協調機制帶來的收益就會很大,也就體現出了合作的價值,這個時候兩個企業就有必要通過一定的方式來協調信息系統安全投資。重視信任風險的影響,首先企業應對信任風險進行評估,在此基礎上分析互聯風險和信任風險的影響程度,再綜合考慮互聯風險與信任風險共存時,其對信息系統安全投資策略的影響程度。

第二,企業必須評估其信息系統及整個網路背景所面對的黑客可能的攻擊模式和安全風險。如果企業面對的是隨機攻擊模式,當其他企業投資比較小的時候,企業信息系統安全風險則增大;而當企業面對的是定向攻擊模式,其他企業投資比較小時,反而對自己有利。不管黑客攻擊模式如何,企業間進行協調投資對企業收益都是有利的。

第三,委託企業和MSSP之間存在著信息不對稱。這種道德風險的特徵導致一方或者雙方在相對社會最優投入水平上並非最優。為了降低道德風險問題,委託企業和安全管理服務提供商有必要協調它們的投入水平以達到更好的安全水平。外包契約的設計很重要,要結合安全功能和企業自身的特點和外包商的特點綜合考慮,並提出多個契約模式,從中選擇最優的契約模式,在契約的選擇上不能僅僅局限於懲罰契約,有時選擇合適的獎懲結合契約更能提升激勵的效果。如果雙方都出現道德風險問題,由關係契約維繫的持續合作關係有利於克服正式契約在適用性方面的局限,因此能夠彌補正式契約在實際應用中的不足。

第四,為了解決信息系統安全相互依賴性風險問題,保險行業協會可以要求保險公司的合同增加含有免賠額的條款,政府也可以對企業信息系統安全自我防禦投資進行一定的補貼,這些措施都有利於整體安全水平的提高並促進福利提升。

7.4 進一步研究方向

第一，未來可進一步研究企業在黑客不同攻擊模式下的信息系統安全投資，分析企業之間實現安全信息共享情況下的企業信息系統安全投資策略的優化模型和分析方法以及有效的信息共享激勵機制。

第二，分析企業、黑客和安全技術供應商三方博弈的特點，研究三方博弈情況下信息系統安全投資策略的優化模型和分析方法，並分析在企業的主要目的是防禦黑客網路攻擊、黑客的主要目的是竊取企業信息資產、安全技術供應商的主要目的是利潤最大化等情況下的各種策略選擇。

第三，按照信息系統安全策略要求，針對多種典型的信息系統安全技術組合，以提升信息系統的安全性和降低安全成本為目標，構建信息系統安全技術組合中的參數優化配置模型；分析信息系統安全技術組合運用優化模型的特點，研究優化模型的分析和求解方法。在此基礎上，分析入侵者入侵行為和風險偏好、信息系統用戶的風險偏好、信息系統的類型等的變化對安全技術組合運用的影響。

第四，進一步結合更加具體的信息安全技術特徵研究信息系統安全外包風險控制方法，可以在分析企業信息系統運用特點和要求、外包的影響因素、面臨的安全形勢和威脅、信息安全性和經濟性等的基礎上，探討合適的外包契約和激勵機制以及風險分擔設計；也可以研究企業內部團隊和信息系統安全管理服務商雙方之間如何進行業務協調，如何通過信息安全審計來監督信息安全管理的績效以及分析入侵者入侵行為和風險偏好、信息系統安全管理服務商風險偏好、信息系統安全管理服務商投入程度等的變化對外包技術配置帶來的影響。

第五，從經驗數據上來研究一定的保險免賠額是否能夠激勵企業投資於自我防禦，在實踐中這些措施能否使企業充分考慮互聯環境下的負外部性，以及

能否真正地影響企業信息系統安全投資的決策過程。

第六，從公共管理視角，根據現實環境背景，研究政府可能採取的措施（如投資補貼、懲罰、強制性安全等級）對信息系統安全的影響，明確這些政策措施的影響機理。

參考文獻

[1] Pérez-Méndez, Antonio J, Machado-Cabezas, Ángel. Relationship between management information systems and corporate performance [J]. Revista de Contabilidad, 2015, 18 (1): 32-43.

[2] Campbell K, Gordon L, Loeb M, Zhou L. The economic cost of publicly announced information security breaches: Emprirical evidence from the stock market [J]. Journal of Computer Security, 2003, 11 (3): 431-448.

[3] http://www.hpenterprisesecurity.com/ponemon-2013-cost-of-cyber-crime-study-reports [Z].

[4] 普華永道2015年全球信息安全現狀調查報告 [EB/OL]. [2015-01-28]. http://www.aqniu.com/security-reports/6481.html.

[5] 黑客竊瑞安航空500萬美元通過中國一銀行轉出 [EB/OL]. [2015-04-30]. http://news.21cn.com/caiji/roll1/a/2015/0430/11/29484531.shtml.

[6] Cavusoglu H, Mishra B, Raghunathan S. The value of intrusion detection systems in information technology security architecture [J]. Information Systems Research, 2005, 16 (1): 28-46.

[7] Anderson R, Moore T. The economics of information security [J]. Science, 2006, 314 (5799): 610-613.

[8] Nurmilaakso J. Adoption of e-business functions and migration from EDI-based to XML-based e-business frameworks in supply chain integration [J]. Interna-

tional Journal of Production Economics, 2008, 113 (2): 721-733.

[9] Kuan K, Chau P. A perception-based model for EDI adoption in small businesses using a technology-organization-environment framework [J]. Information & Management, 2001, 38 (8): 507-521.

[10] Govindan K. The optimal replenishment policy for time-varying stochastic demand under vendor managed inventory [J]. European Journal of Operational Research, 2015, 242 (2): 402-423.

[11] Lee J Y, Cho R K. Contracting for vendor-managed inventory with consignment stock and stockout-cost sharing [J]. International Journal of Production Economics, 2014, 151 (5): 158-173.

[12] Hariga H, Gumus M, Daghfous A, Goyal S K. A vendor managed inventory model under contractual storage agreement [J]. Computers & Operations Research, 2013, 40 (8): 2138-2144.

[13] Linton J D, Boyson S, Aje J. The challenge of cyber supply chain security to research and practice - An introduction [J]. Technovation, 2014, 34 (7): 339-341.

[14] Kim K. Research letter: Issues of cyber supply chain security in Korea [J]. Technovation, 2014, 34 (7): 387-388.

[15] Peng H, Zhao D, Han J, Lu J. Invulnerability of grown Peer-to-Peer networks under progressive targeted attacks [J]. Physica A: Statistical Mechanics and its Applications, 2015, 428 (6): 60-67.

[16] Chen Z, Du W, Cao X, Zhou X. Cascading failure of interdependent networks with different coupling preference under targeted attack [J]. Chaos, Solitons & Fractals, 2015, 80 (11): 7-12.

[17] 英國在企業中推廣網路安全保險 [EB/OL]. [2015-04-13]. http://www.jifang360.com/news/2015413/n840267048.html.

[18] Png I P L, Wang Q. Information security: User precautions vis-à-vis

enforcement against attackers [J]. Journal of Management Information Systems, 2009, 26 (2): 97-122.

[19] Mookerjee V, Mookerjee R, Bensoussan A, Yue W T. When hackers talk: Managing information security under variable attack rates and knowledge dissemination [J]. Information Systems Research, 2011, 22 (3): 606-623.

[20] Huang C D, Behara R S. Economics of information security investment in the case of concurrent heterogeneous attacks with budget constraints [J]. International Journal of Production Economics, 2013, 141 (1): 255-268.

[21] Dey D, Lahiri A, Zhang G. Quality competition and market segmentation in the security software market [J]. MIS Quarterly, 2014, 38 (2): 589-606.

[22] Liu D, Ji Y, Mookerjee V. Knowledge sharing and investment decisions in information security [J]. Decision Support Systems, 2011, 52 (1): 95-107.

[23] Hunt R. Internet/Intranet firewall security—policy, architecture and transaction services [J]. Computer Communications, 1998, 21 (13): 1107-1123.

[24] Macfarlane R, Buchanan W, Ekonomou E et al. Formal security policy implementations in network firewalls [J]. Computers & Security, 2012, 31 (2): 253-270.

[25] Erdheim S. Deployment and management with next-generation firewalls [J]. Network Security, 2013, 2013 (10): 8-12.

[26] Hachanaab S, Cuppens-Boulahiaa N, Cuppensa F. Mining a high level access control policy in a network with multiple firewalls [J]. Journal of Information Security and Applications, 2015, 20: 61-73.

[27] Bul'ajoul W, James A, Pannu M. Improving network intrusion detection system performance through quality of service configuration and parallel technology [J]. Journal of Computer and System Sciences, 2015, 81 (6): 981-999.

[28] Elhag S, Fernández A, Bawakid A et al. On the combination of genetic fuzzy systems and pairwise learning for improving detection rates on Intrusion Detection

Systems [J]. Expert Systems with Applications, 2015, 42 (1): 193-202.

[29] Ulvila J W, Gaffney J E. A decision analysis method for evaluating computer intrusion detection systems [J]. Decision Analysis, 2004, 1 (1): 35-50.

[30] Yue W T, Bagchi A. Tuning the quality parameters of a firewall to maximize net benefit [C]. Lecture Notes in Computer science, Distributed Computing—IWDC 2003, Springer, Berlin/Heidelberg, 2003: 321-329.

[31] Cavusoglu H, Raghunathan S. Configuration of intrusion detection systems: a comparison of decision and game theoretic approaches [J]. Decision Analysis, 2004, 1 (3): 131-148.

[32] Cavusoglu H, Mishra B, Raghunathan S. The value of intrusion detection systems (IDSs) in information technology security architecture [J]. Inform Systems Research, 2005, 16 (1): 28-46.

[33] 郭淵博, 馬建峰. 基於博弈論框架的自適應網路入侵檢測與回應 [J]. 系統工程與電子技術, 2005, 27 (5): 914-918.

[34] 李天目, 仲偉俊, 梅姝娥. 入侵防禦系統管理和配置的檢查博弈分析 [J]. 系統工程學報, 2008, 23 (5): 589-596.

[35] 李天目, 仲偉俊, 梅姝娥. 網路入侵檢測與即時回應的序貫博弈分析 [J]. 系統工程, 2007, 25 (6): 67-73.

[36] Yue W T, Cakanyildirim M. Intrusion prevention in information systems: reactive and proactive responses [J]. Journal of Management Information Systems, 2007, 24 (1): 329-353.

[37] Ogut H, Cavusoglu H, Raghunathan S. Intrusion-detection policies for IT security breaches [J]. INFORMS Journal on Computing, 2008, 20 (1): 112-123.

[38] Cavusoglu H, Cavusoglu H, Zhang J. Security patch management: share the burden or share the damage? [J]. Management Science, 2008, 54 (4): 657-670.

[39] Cavusoglu H, Raghunathan S, Cavusoglu H. Configuration of and interac-

tion between information security technologies: the case of firewalls and intrusion detection systems [J]. Information Systems Research, 2009, 20 (2): 198-217.

[40] 董紅, 邱菀華, 呂俊傑. 基於成本分析的入侵檢測回應模型 [J]. 北京航空航天大學學報, 2008, 34 (1): 39-42.

[41] Zhao L R, Mei S E, Zhong W J. Optimal configuration of firewall, IDS and vulnerability scan by game theory [J]. Journal of Southeast University (English Edition), 2011, 27 (2): 144-147.

[42] 趙柳榕, 梅姝娥, 仲偉俊. 虛擬專用網和入侵檢測系統最優配置策略的博弈分析 [J]. 管理工程學報, 2013, 28 (4): 187-192.

[43] 趙柳榕, 梅姝娥, 仲偉俊. 基於風險偏好的防火牆和入侵檢測系統最優配置策略 [J]. 系統工程學報, 2014, 29 (3): 324-333.

[44] Kunreuther H, Heal G. Interdependent security [J]. Journal of Risk and Uncertainty, 2003, 26 (2-3): 231-249.

[45] 呂俊傑, 邱菀華, 王元卓. 基於相互依賴性的信息安全投資博弈 [J]. 中國管理科學, 2006, 14 (3): 7-12.

[46] 翚國權, 王軍, 強爽. 雙寡頭壟斷市場的信息安全投資模型研究 [J]. 中國管理科學, 2007 (15): 444-448.

[47] 翚國權, 王軍, 強爽. 一種信息安全投資的智能化決策方法研究 [J]. 中國管理科學, 2007 (15): 504-510.

[48] Garcia A, Horowitz B. The potential for underinvestment in internet security: implications for regulatory policy [J]. Journal of Regulatory Economics, 2007, 31 (1): 37-55.

[49] Zhuang J, Bier VM, Gupta A. Subsidies in interdependent security with heterogeneous discount rates [J]. The Engineering Economist, 2007, 52 (1): 1-19.

[50] Zhuang J. Impacts of subsidized security on stability and total social costs of equilibrium solutions in an n-player game with errors [J]. The Engineering Economist, 2010, 55 (2): 131-149.

[51] Cremonini M, Nizovtsev D. Risks and benefits of signaling information system characteristics to strategic attackers [J]. Journal of Management Information Systems, 2009, 26 (3): 241-274.

[52] Bandyopadhyay T, Jacob V, Raghunathan S. Information security in networked supply chains: impact of network vulnerability and supply chain integration on incentives to invest [J]. Information Technology and Management, 2010, 11 (1): 7-23.

[53] Liu C Z, Zafar H, Au Y A. Rethinking FS-ISAC: An IT Security Information Sharing Network Model for the Financial Services Sector [J]. Communications of the Association for Information Systems, 2014, 34: 15-36.

[54] 張濤. 走進國家信息安全漏洞庫 [J]. 中國信息安全, 2010 (11): 36-37.

[55] Gordon L A, Loeb M P, Lucyshyn W. Sharing information on computer systems security: An economic analysis [J]. Journal of Accounting and Public Policy, 2003, 22 (6): 461-485.

[56] Gal-Or E, Ghose A. The economic incentives for sharing security information [J]. Information Systems Research, 2005, 16 (2): 186-208.

[57] Hausken K. Information sharing among firms and cyber attacks [J]. Journal of Accounting and Public Policy, 2007, 26 (6): 639-688.

[58] 熊強, 仲偉俊, 梅姝娥. 基於Stackelberg博弈的供應鏈企業間信息安全決策分析 [J]. 情報雜誌, 2012, 31 (2): 179-182.

[59] Gao Xing, Zhong Weijun, Mei Shue. Security investment and information sharing under an alternative security breach probability function [J]. Information Systems Frontiers, 2015, 17 (2): 423-438.

[60] Radosavac S, Kempf J, Kozat U. Using insurance to increase internet security [C]. Proceedings of NetEcon. Seattle: ACM, 2008: 43-48.

[61] Johnson B, Böhme R, Grossklags J. Security Games with Market

Insurance [C]. Decision and Game Theory for Security, 2011: 117-130.

[62] Yang Z C, Liu J. Security adoption and influence of cyber-insurance markets in heterogeneous networks [J]. Performance Evalution, 2014, 17: 1-17.

[63] Lelarge M, Bolot J. Economic incentives to increase security in the internet: the case for insurance [C]. Proceedings of NetEcon. Seattle: ACM, 2008: 43-48.

[64] Hofmann A. Internalizing externalities of loss prevention through insurance monopoly: an analysis of interdependent risk [J]. The GENEVA Risk and Insurance Review, 2007, 32 (1): 91-111.

[65] Yang Z C, Liu J. Security adoption and influence of cyber-insurance markets in heterogeneous networks [J]. Performance Evalution, 2014, 74: 1-17.

[66] Majuca R P, Yurcik W, Kesan J P. The evolution of cyberinsurance [R]. ACM Computing Research Repository, 2006.

[67] Lelarge M, Bolot J. Economic incentives to increase security in the internet: The case for insurance [C]. INFOCOM. Los Alamitos: IEEE, 2009: 1494-1502.

[68] Schwartz G, Shetty N, Walrand J. Economics of Information Security and Privacy [M]. Berlin: Springer-Verlag, 2010.

[69] Shetty N, Schwartz G, Walrand J. Can Competitive Insurers Improve Network Security [C]. Trust and Trustworthy Computing. Berlin: Springer-Verlag, 2010: 308-322.

[70] Bohme R, Schwartz G. Modeling Cyberinsurance: Towards A Unifying Framework [C]. WEIS, Harvard University, Cambridge, 2010: 1-36.

[71] Ogut H, Menon N, Raghunathan S. Cyber Security Risk Management: Public Policy Implications of Correlated Risk, Imperfect Ability to Prove Loss, and Observability of Self-Protection [J]. Risk Analysis, 2011, 31 (3): 497-512.

[72] Shim W. An analysis of information security management strategies in the

presence of interdependent security risk [J]. Asia Pacific Journal of Information Systems, 2012, 22 (1): 79-101.

[73] Turpin S, Anderson R. What to Consider When Buying Cyberinsurance [J]. Risk Management, 2014, 61 (8): 38-42.

[74] Stone A. Cyberinsurance do you need it? [J]. Public CIO, 2014, 12 (1): 21-24.

[75] Wall T. How Not to Void Your Cyberinsurance Policy [J]. Risk Management, 2015, 62 (2): 12-13.

[76] Andrea L. How One College Got Cyberinsurance [J]. Chronicle of Higher Education, 2006, 53 (8): 42.

[77] Kern T, Willcocks L P, Heck E V. The winner's curse in IT outsourcing: strategies for avoiding relational trauma [J]. California Management Review, 2002, 44 (2): 47-69.

[78] Whang S. Contracting for software development [J]. Management Science, 1992, 38 (3): 307-324.

[79] Lee J, Choi B. Effects of initial and ongoing trust in IT outsourcing: A bilateral perspective [J]. Information & Management, 2011, 48: 96-105.

[80] Elitzur R, Wensley A. Game theory as a tool for understanding information services outsourcing [J]. Journal of Information Technology, 1997, 12 (1): 45-60.

[81] Ang S, Straub D W. Production and transaction economies and IS outsourcing: a study of the U. S. banking industry [J]. MIS Quarterly, 1998, 22 (4): 535-552.

[82] Bahli B, Rivard S. The information technology outsourcing risk: a transaction cost and agency theory-based perspective [J]. Journal of Information Technology, 2003, 18 (3): 211-221.

[83] Lee J N, Miranda S M, Kim Y M. IT outsourcing strategies: universalistic, contingency, and configurational explanations of success [J]. Information

Systems Research, 2004, 15 (2): 110-131.

[84] Gottschalk P, Solli - Saether H, Critical success factors from IT outsourcing theories: an empirical study [J]. Industrial Management and Data Systems, 2005, 105 (6): 685-702.

[85] Rowe B. Will Outsourcing IT Security Lead to a Higher Social Level of Security? [C]. Sixth Workshop on the Economics of Information Security, Pittsburgh, 2005: 7-8.

[86] Ding W, Yurcik W, Yin X. Outsourcing Internet Security: Economic Analysis of Incentives for Information Security Service Providers [C]. Workshop on Internet and Network Economics, Hong Kong, China, 2005: 947-958.

[87] Ding W, Yurcik W. Economics of Internet Security Outsourcing. Simulation Results Based on the Schneier Model [C]. Fifth Workshop on the Economics of Security the Information Infrastructure, Washington, DC, 2006: 1-22.

[88] Bojanc R, Jerman - Blaz B. An economic modelling approach to information security risk management [J]. International Journal of Information Management, 2008, 28 (5): 413-422.

[89] Gupta A, Zhdanov D. Growth and Sustainability of Managed Security Services Networks: An Economic Perspective [J]. MIS Quarterly, 2012, 36 (4): 1109-1130.

[90] Hui K L, Hui W, Yue W T. Information security outsourcing with system interdependency and mandatory security requirement [J]. Journal of Management Information Systems, 2012, 29 (3): 117-155.

[91] Cezar A, Cavusoglu H, Raghunathan S. Competition, speculative risks, and IT security outsourcing [C]. Eighth Workshop on the Economics of Information Security, London, 2009.

[92] Zhang J Q, Borisov N, Yurcik W. Outsourcing Security Analysis with Anonymized Logs [C]. Second International Workshop on the Value of Security

through Collaboration, Baltimore MD, USA, 2006.

[93] Kim B C, Chen P Y, Mukhopadhyay T. An Economic Analysis of Software Market with Risk-Sharing Contract [J]. International Journal of Electronic Commerce, 2010, 14 (2): 7-39.

[94] Bandyopadhyay T, Liu D, Mookerjee V S, Wilhite A W. Dynamic competition in IT security: a differential games approach [J]. Information Systems Frontiers, 2014, 16 (4): 643-661.

[95] Chen L C, Carley K M. The impact of countermeasure propagation on the prevalence of computer viruses [J]. IEEE Transactions on Systems, Man, and Cybernetics-Part B: Cybernetics, 2004, 34 (2): 823-833.

[96] Zhang Chunming, Huang Haitao. Optional Control Strategy for a novel Computer Virus Propagation Pmodel on Slale-free Networks Physica A: Statistical Mechanics and its applicntions, 2016, 451 (6): 251-265.

[97] Yuan H, Chen G, Wu J, Xiong H. Towards controlling virus propagation in information systems with point-to-group information sharing [J]. Decision Support Systems, 2009, 48 (1): 57-68.

[98] Gao Xing, Zhong Weijun, Mei Shue. A differential game approach to information security investment under hackers' knowledge dissemination [J]. Operations Research Letters, 2013, 41 (5): 421-425

[99] Han Y, Pieretti A, Zanaj S, Zou B. Asymmetric competition among nation states: A differential game approach [J]. Journal of Public Economics, 2014, 119: 71-79

[100] Lambertini L, Palestini A. On the feedback solutions of differential oligopoly games with hyperbolic demand curve and capacity accumulation [J]. European Journal of Operational Research, 2014, 236 (1): 272-281.

[101] Bertinelli L, Camacho C, Zou B. Carbon capture and storage and transboundary pollution: A differential game approach [J]. European Journal of

Operational Research, 2014, 237 (1): 721-728.

[102] Wang J, Wang P. Counterterror measures and economic growth: A differential game [J]. Operations Research Letters, 2013, 41 (3): 285-289.

[103] Fanokoa P S, Telahigue I, Zaccour G. Buying cooperation in an asymmetric environmental differential game [J]. Journal of Economic Dynamics and Control, 2011, 35 (6): 935-946.

[104] Erickson G M. A differential game model of the marketing-operations interface [J]. European Journal of Operational Research, 2011, 211 (2): 394-402.

[105] Kuna H. A Framework for Value Realization during Deployment of Enterprise Information Systems [J]. Procedia Technology, 2014, 16: 1166-1175.

[106] Mirchandani D A, Lederer A L. The impact of core and infrastructure business activities on information systems planning and effectiveness [J]. International Journal of Information Management, 2014, 34 (5): 622-633.

[107] Martinez-Simarro D, Devece C, Llopis-Albert C. How information systems strategy moderates the relationship between business strategy and performance [J]. Journal of Business Research, 2015, 68 (7): 1592-1594.

[108] 周賀來, 張愷, 呂琦. 管理信息系統實用教程 [M]. 北京: 北京大學出版社, 2012.

[109] 郝玉潔, 吳立軍, 趙洋等. 信息安全概論 [M]. 北京: 清華大學出版社, 2013.

[110] 餘磊等. 信息安全戰: 企業信息安全建設之道 [M]. 北京: 東方出版社, 2010.

[111] 趙戰生, 謝宗曉. 信息安全風險評估: 概念、方法和實踐 [M]. 北京: 中國標準出版社, 2007.

[112] GB/T 20984—2007, 信息安全風險評估規範 [S].

[113] 謝崇斌. 基於 ISO17799 信息安全管理體系風險評估 [D]. 西安: 西安電子科技大學, 2004.

[114] Jouini M, Rabai LBA, Aissa AB. Classification of security threats in information systems [J]. Procedia Computer Science, 2014, 32: 489-496.

[115] Farahmand F, Navathe SB, Sharp GP, Enslow PH. A Management Perspective on Risk of Security Threats to Information Systems [J]. Information Technology and Management, 2005, 6 (2-3): 203-225.

[116] Samy GN, Ahmad R, Ismail Z. Security threats categories in healthcare information systems [J]. Health Informatics Journal, 2010, 16 (3): 201-209.

[117] 楊文虎, 樊靜淳. 網路安全技術與實訓 [M]. 北京: 人民郵電出版社, 2007.

[118] Frantzen M, Kerschbaum F, Schultz E, Fahmy S. A framework for understanding vulnerabilities in firewalls using a dataflow model of firewall internals [J]. Computers and Security, 2001, 20 (3): 263-270.

[119] Gouda M G, Liu A X. Structured firewall design [J]. Computer Networks Journal, 2007, 51 (4): 1106-1120.

[120] Han S J, Cho S B. Detecting intrusion with ruled-based integration of multiple models [J]. Computers and Security, 2003, 22 (7): 613-623.

[121] Durst R, Champion T, Witten B, Miller E, Spagnuolo L. Testing and evaluating computer intrusion detection systems [J]. ACM 1999, 42 (7): 53-61.

[122] Axelsson S. The base-rate fallacy and the difficulty of intrusion detection [J]. ACM Transactions on Information & System Security, 2000, 3 (3): 186-205.

[123] Otrok H, Mehrandish M, Assi M, Debbabi M, Bhattacharya P. Game theoretic models for detecting network intrusions [J]. Computer Communications, 2008, 31 (10): 1934-1944.

[124] Fuchsberger A. Intrusion detection systems and intrusion prevention systems [J]. Information Security Technical Report, 2005, 10 (3): 134-139.

[125] 胡昌振. 網路入侵檢測原理與技術 [M]. 北京: 北京理工大學出版社, 2010.

[126] 曹元大. 入侵检测技术 [M]. 北京: 人民邮电出版社, 2007.

[127] Colin T. The promise of managed security services [J]. Network Security, 2012, (9): 10-15.

[128] Siemens Industry. Siemens deploys managed security services [J]. Computer Security Update, 2014, 15 (1): 7-8.

[129] Tittle Ed. Choosing a Managed Security Services Provider [J]. Certification Magazine, 2005, 7 (5): 20-23.

[130] Michael V. Retailers' Interest in Managed Security Services Rises [N]. Channel Insider, 2014-02-05.

[131] Dell Inc. Dell SecureWorks Wins SC Magazine U. S. Reader Trust Award for Best Managed Security Services for the Seventh Time [N]. Business Wire (English), 2015-04-28.

[132] Computer Sciences Corporation (CSC). Independent Research Firm Names CSC a「Leader」in Managed SecurityServices Report [N]. Business Wire (English), 2015-01-29.

[133] Morgan O. Cyberinsurance ignorance [J]. Risk Management, 2015, 62 (4): 44.

[134] Wood D. Are insurers underestimating the cyberthreat? [J]. Risk Management, 2015, 62 (2): 30-34.

[135] Judy G. Few firms buy coverage for cyber risks: Survey [J]. Business Insurance, 2012, 46 (12): 4.

[136] Aissa A B, Abercrombie R K, Sheldon F T, Mili A. Defining and computing a value based cyber-security measure [J]. Information Systems and E-Business Management, 2012, 10 (4): 433-453.

[137] Böhme R, Kataria G. On the Limits of Cyber-Insurance [C]. Trust and Privacy in Digital Business, Krakow, Poland, 2006: 31-40.

[138] Gordon L A, Loeb M P, Sohail T. A framework for using insurance for

cyber-risk management [J]. Communications of the ACM, 2003, 46 (3): 81-85.

[139] Piera C, Roberto C, Giuseppe C, Teresa M. E-procurement and E-supply Chain: Features and Development of E-collaboration [J]. IERI Procedia, 2014, 6: 8-14.

[140] Montoya-Torres J R, Ortiz-Vargas D A. Collaboration and information sharing in dyadic supply chains: A literature review over the period 2000—2012 [J]. Estudios Gerenciales, 2014, 30 (133): 343-354.

[141] Cannella S, Framinan J M, Bruccoleri M, Barbosa-Póvoa A P, Relvas S. The effect of Inventory Record Inaccuracy in Information Exchange Supply Chains [J]. European Journal of Operational Research, 2015, 243 (1): 120-129.

[142] Qu W G, Yang Z. The effect of uncertainty avoidance and social trust on supply chain collaboration [J]. Journal of Business Research, 2015, 68 (5): 911-918.

[143] Kauremaa J, Nurmilaakso J, Tanskanen K. E-business enabled operational linkages: The role of RosettaNet in integrating the telecommunications supply chain [J]. Journal of Business Research, 2010, 127 (2): 343-357.

[144] Capaldo A, Giannoccaro I. Interdependence and network-level trust in supply chain networks: A computational study [J]. Industrial Marketing Management, 2015, 44: 180-195.

[145] http://home.ebrun.com/blog-45134.html[Z].

[146] 2015年五大最熱信息安全威脅趨勢預測 [EB/OL]. [2014-12-16]. http://www.cnii.com.cn/internetnews/2014-12/16/content_1498011_2.htm.

[147] Harder U, Johnson M W, Bradley J T, Knottenbelt W J. Observing Internet Worm and Virus Attacks with a Small Network Telescope [J]. Electronic Notes in Theoretical Computer Science, 2006, 151 (3): 47-59.

[148] Schultz E E. Where have the worms and viruses gone? —new trends in malware [J]. Computer Fraud & Security, 2006 (7): 4-8.

[149] Feng C S, Yang J, Qin Z G, Yuan D, Cheng H R. Modeling and analysis of passive worm propagation in the P2P file-sharing network [J]. Simulation Modelling Practice and Theory, 2015, 51: 87-89.

[150] Mishra B K, Pandey S K. Dynamic model of worm propagation in computer network [J]. Applied Mathematical Modelling, 2014, 38 (7-8): 2173-2179.

[151] 王靜. FBI 懸賞 300 萬美元通緝黑客 利用比特幣病毒勒索贖金 [EB/OL]. [2015-05-05]. http://news.hsw.cn/system/2015/0505/245456.shtml.

[152] 段佳. 黑客發動新式「定向攻擊」中國成為最嚴重受害國之一 [N]. 科技日報, 2013-05-14, 五版.

[153] Garcia A, Horowitz B. The potential for underinvestment in internet security: implications for regulatory policy [J]. Journal of Regulatory Economics, 2007, 31 (1): 37-55.

[154] http://www.h3c.com.cn/About_H3C/Company_Publication/IP_Lh/2012/01/Home/Catalog/201203/740877_30008_0.htm[Z].

[155] 高春燕. 中國信息安全大會：創新技術帶來新威脅、新機遇 [N]. 中國計算機報, 2013-05-27.

[156] Jensen M C, Meckling W H. Theory of the Firm: managerial behavior, agency costs and ownership structure [J]. Journal of Financial Econometrics, 1976, 3 (4): 305-360.

[157] Hölmstrom B. Moral Hazard and Observability [J]. The Bell Journal of Economics, 1979, 10 (1): 74-91.

[158] Dittrich M, Städter S. Moral hazard and bargaining over incentive contracts [J]. Research in Economics, 2015, 69 (1): 75-85.

[159] Zhou J H, Zhao X, Xue L, Gargeya V. Double moral hazard in a supply chain with consumer learning [J]. Decision Support Systems, 2012, 54

(1): 482-495.

[160] Elitzur R, Gavious A, Wensley A K P. Information systems outsourcing projects as a double moral hazard problem [J]. Omega, 2012, 40 (3): 379-389.

[161] Osei-Bryson K, Ngwenyama O K. Managing risks in information systems outsourcing: An approach to analyzing outsourcing risks and structuring incentive contracts [J]. European Journal of Operational Research, 2006, 174 (1): 245-264.

[162] Gavirneni S. Periodic flexibility, information sharing, and supply chain performance [J]. European Journal of Operational Research, 2006, 174 (3): 1651-1663.

[163] Fiala P. Information sharing in supply chains [J]. Omega, 2005, 33 (5): 419-423.

[164] Capaldo A, Giannoccaro I. Interdependence and network-level trust in supply chain networks: A computational study [J]. Industrial Marketing Management, 2015, 44: 185-195.

[165] Ayadi O, Cheikhrouhou N, Masmoudi F. A decision support system assessing the trust level in supply chains based on information sharing dimensions [J]. Computers & Industrial Engineering, 2013, 66: 242-257.

[166] Cheikhrouhou N, Pouly M, Madinabeitia G. Trust categories and their impacts on information exchange processes in vertical collaborative networked organisations [J]. International Journal of Computer Integrated Manufacturing, 2013, 26 (1-2): 87-100.

[167] Varian H. System Reliability and Free Riding [C]. Workshop on Economics and Information Security, College Park, MD, 2002.

[168] 華夏聯盟網. 病毒監測周報. http://www.hx95.com/Notice/[Z].

[169] Fennc, shooter R, Allank. IT Security Outsourcing: How Safe is your IT Security? Computer Law & Security Review, 2002, 18 (2): 109-111.

[170] Bandyopadhyay T, Mookerjee V, Rao R C. Why IT managers don't go

for cyberinsurance products [J]. Communications of the ACM, 2009, 52 (11): 68-73.

[171] Lee C, Geng X, Raghunathan S. Contracting information security in the presence of double moral hazard [J]. Information Systems Research, 2013, 24 (2): 295-311.

[172] Mckenna B. Managed Security Services — new economy relic or wave of the future? [J]. Computers & Security, 2002, 21 (7): 613-616.

[173] Cooper R, Ross T W. Product warranties and double moral hazard [J]. Rand Journal of Economics, 1985, 16 (1): 103-113.

[174] 宋寒, 但斌, 張旭梅. 服務外包中雙邊道德風險的關係契約激勵機制 [J]. 系統工程理論與實踐, 2010, 30 (11): 1944-1953.

[175] 張春勛, 張偉, 賴景生. 基於GNBS和正式固定價格契約的農產品供應鏈關係契約模型 [J]. 中國管理科學, 2009, 17 (2): 93-101.

[176] Goldlücke S, Kranz S. Delegation, monitoring, and relational contracts [J]. Economics Letters, 2012, 117: 405-407.

[177] Gürtler O. On Delegation under Relational Contracts [J]. International Journal of the Economics of Business, 2008, 15 (1): 85-98.

[178] Levin J. Relational Incentive Contracts [J]. American Economic Review, 2003, 93: 835-857.

[179] Cezar A, Cavusoglu H, Raghunathan S. Outsourcing information security: Contracting issues and security implications [J]. Management Science, 2014, 60 (3): 638-657.

[180] Bojanc R, Jerman-Blaz B. An economic modelling approach to information security risk management [J]. International Journal of Information Management, 2008, 28 (5): 413-422.

[181] Gupta A, Zhdanov D. Growth and Sustainability of Managed Security Services Networks: An Economic Perspective [J]. MIS Quarterly, 2012, 36 (4): 1109-1130.

國家圖書館出版品預行編目(CIP)資料

信息系統安全投資策略及風險管理研究 / 願建強 著. -- 第一版.
-- 臺北市：崧博出版：崧燁文化發行, 2018.09

面； 公分

ISBN 978-957-735-483-9(平裝)

1.資訊管理系統 2.風險管理

494.8   107015237

書　名：信息系統安全投資策略及風險管理研究
作　者：願建強 著
發行人：黃振庭
出版者：崧博出版事業有限公司
發行者：崧燁文化事業有限公司
E-mail：sonbookservice@gmail.com
粉絲頁　　　　　　　　　網　址：
地　址：台北市中正區重慶南路一段六十一號八樓815室
8F.-815, No.61, Sec. 1, Chongqing S. Rd., Zhongzheng
Dist., Taipei City 100, Taiwan (R.O.C.)
電　話：(02)2370-3310　傳　真：(02) 2370-3210
總經銷：紅螞蟻圖書有限公司
地　址：台北市內湖區舊宗路二段121巷19號
電　話：02-2795-3656　　傳真：02-2795-4100　網址：
印　刷：京峯彩色印刷有限公司（京峰數位）

本書版權為西南財經大學出版社所有授權崧博出版事業有限公司獨家發行電子書繁體字版。若有其他相關權利及授權需求請與本公司聯繫。

定價：350 元

發行日期：2018 年 9 月第一版

◎ 本書以POD印製發行